"十四五"普通高等教育本科部委级规划教材

NÜZHUANG SHEJI

女装设计

刘建铅　虞紫英　卢燕琴　编著

中国纺织出版社有限公司

内 容 提 要

本书为"十四五"普通高等教育本科部委级规划教材。

本书立足于女装设计基础理论与方法的全面性、系统性论述，重视国际知名女装设计作品案例、企业设计案例和学生实践案例的分析，着力构建有深度、有难度、有挑战度的女装设计课程知识体系。本书融理论性、实践性、艺术性、实用性、趣味性于一体，配套视频讲解，打造立体化教材形态，满足教学中师生随时随地学习、交流与互动的新需求。

本书既可作为高等院校服装专业课程教材，亦可作为服装行业领域参考用书。

图书在版编目（CIP）数据

女装设计 / 刘建铅，虞紫英，卢燕琴编著 . -- 北京：中国纺织出版社有限公司，2022.5

"十四五"普通高等教育本科部委级规划教材

ISBN 978-7-5180-9483-7

Ⅰ. ①女⋯ Ⅱ. ①刘⋯ ②虞⋯ ③卢⋯ Ⅲ. ①女服—服装设计—高等学校—教材 Ⅳ. ① TS941.717

中国版本图书馆 CIP 数据核字（2022）第 059929 号

责任编辑：魏 萌 郭 沫　责任校对：楼旭红
责任印制：王艳丽

中国纺织出版社有限公司出版发行
地址：北京市朝阳区百子湾东里 A407 号楼　邮政编码：100124
销售电话：010—67004422　传真：010—87155801
http://www.c-textilep.com
中国纺织出版社天猫旗舰店
官方微博 http://weibo.com/2119887771
北京通天印刷有限责任公司印刷　各地新华书店经销
2022 年 5 月第 1 版第 1 次印刷
开本：787×1092　1/16　印张：13
字数：216 千字　定价：58.00 元

前言

PREFACE

服装设计就是解决人们穿着生活体系中的富有创造性的计划及创作行为。它是一门综合性学科，与艺术、科技、商业等紧密相连。女装设计是服装设计的重要组成部分，在服装设计系列课程中被列为专业核心课程，受到院校及师生极大的关注与重视。近年来，女性受教育水平逐年提高，获得良好工作的机会大幅增加，直接推动女性收入的提升，间接激发女性对于审美需求的增强以及高端品牌产品的购买力。因此，女装行业比以往任何时候都更加迫切需要高端设计人才的加入。

2018年，原教育部部长陈宝生在新时代全国高等学校本科教育工作会议上提出：要提升大学生的学业挑战度，合理增加课程难度，拓展课程深度，扩大课程的可选择性，真正把"水课"转变成有深度、有难度、有挑战度的"金课"。这不仅为高等教育教学改革与研究指明了方向，也对社会各行各业渴求高端教育人才做出了积极回应。

本教材的编写以"金课"打造为引领，立足于女装设计基础理论与方法的全面性、系统性论述，重视国际知名女装设计作品案例、企业设计案例和学生实践案例的分析，着力构建有深度、有难度、有挑战度的女装设计课程知识体系，强化学生创新、创意能力和设计实践能力的培养，为女装产品设计与开发奠定良好的基础。

本教材融理论性、实践性、艺术性、实用性、趣味性为一体，努力践行"互联网+教育+出版+服务"的新理念，将纸质教材、线上授课视频及在线课程资源有机衔接，营造教材即课堂、教材即教学服务、教材即教学场景的立体化教材形态，打破教学时空限制，满足学生随时随地学习、交流与互动的新需求。

本教材融合嘉兴学院十多年的服装设计教学经验，由刘建铅、虞紫英、卢燕琴三位老师共同编写完成。全书分为七个章节，包括女装设计概述、女装色彩设计与应用、女装图案设计与应用、女装材质应用、女装设计方法、女装系列设计、女装产品设计。在编写过程中，参考了不少教材和论著，吸收了诸多专家、同仁的观点，在此向他们表达诚挚的谢意。书中涉及的部分设计方法、教学案例和产品实物，得到了平湖服装文化创意园和嘉兴市碟啰时装设计有限公司的帮助与支持，在此表示衷心的感谢。

　　受笔者能力所限，加之时间仓促，本教材疏漏之处和不尽如人意之处在所难免，敬请专家、同行和读者批评指正。

编著者

2021年12月

教学内容及课时安排

章（课时）	课程性质（课时）	节	课程内容
第一章 （2课时）	设计理论 （2课时）		● 女装设计概述
		一	女装设计基础
		二	女装设计师的职业素养与能力
第二章 （12课时）	应用理论与训练 （78课时）		● 女装色彩设计与应用
		一	色彩基础
		二	女装色彩搭配
		三	女装配色技巧
		四	女装色彩系列设计
第三章 （12课时）			● 女装图案设计与应用
		一	图案构成形式
		二	女装图案表现手段
		三	女装图案造型方法
		四	女装图案设计优秀案例
第四章 （8课时）			● 女装材质应用
		一	女装材料的分类及特点
		二	女装面料与设计的关系
		三	女装材料肌理表现手段
第五章 （8课时）			● 女装设计方法
		一	准备工作及设计构思方法
		二	女装常用设计方法
第六章 （14课时）			● 女装系列设计
		一	女装系列设计概述
		二	女装系列设计创意灵感
		三	女装系列设计方法
		四	女装系列设计作品赏析
第七章 （24课时）			● 女装产品设计
		一	女装市场与流行
		二	消费人群和产品定位
		三	产品设计主题提案
		四	产品设计主题规划
		五	主题化女装产品设计

注：各院校可根据自身的教学特色和教学计划对课程时数进行调整。

目录

CONTENTS

第一章　女装设计概述 1

第一节　女装设计基础 2
一、女装设计的类型 2
二、女装设计的条件 5
三、女装设计的元素 6
第二节　女装设计师的职业素养与能力 8
一、职业核心素养 8
二、职业核心能力 10

第二章　女装色彩设计与应用 13

第一节　色彩基础 14
一、色相 14
二、纯度 14
三、明度 14
第二节　女装色彩搭配 15
一、以色相为主的色彩搭配 15
二、以明度为主的色彩搭配 18
三、以纯度为主的色彩搭配 20
第三节　女装配色技巧 22
一、隔离法 22
二、优势法 23
三、形态调整法 26
四、透叠法 28
五、渐变法 29
第四节　女装色彩系列设计 32
一、单一色彩系列设计 32

二、双色搭配系列设计 34

三、三色搭配系列设计 37

四、多色搭配系列设计 38

第三章 女装图案设计与应用 41

第一节 图案构成形式 42

一、单独图案 42

二、连续图案 46

第二节 女装图案表现手段 51

一、印花 52

二、绣花 57

三、染 61

四、手绘 65

第三节 女装图案造型方法 66

一、省略法 66

二、添加法 67

三、夸张法 69

四、几何化法 70

五、拟人法 71

六、解构法 72

七、拼贴法 73

第四节 女装图案设计优秀案例 73

一、女装图案设计经典品牌案例 73

二、图案设计实践案例 78

第四章 女装材质应用 83

第一节 女装材料的分类及特点 84

一、女装材料的分类 84

二、女装面料的特点 84

第二节 女装面料与设计的关系 90

一、光泽型面料与女装设计 91

二、无光泽型面料与女装设计 91

三、硬挺型面料与女装设计 92

四、柔软型面料与女装设计 93

五、透明型面料与女装设计 93

六、厚重型面料与女装设计 93

七、弹性面料与女装设计 94

八、未来型面料与女装设计 95
第三节　女装材料肌理表现手段 96
一、破烂 96
二、镂空 97
三、编织 99
四、线迹装饰 100
五、绗缝 101
六、拼接 101
七、褶 102
八、堆积 105
九、复合 106
十、填充 107

第五章　女装设计方法 109

第一节　准备工作及设计构思方法 110
一、前期准备工作 110
二、常用设计构思方法 111
第二节　女装常用设计方法 115
一、元素借鉴法 115
二、元素重复法 117
三、同形异构法 120
四、元素置换法 121
五、元素加法和减法 122
六、嫁接法 123
七、解构法 124
八、夸张法 128

第六章　女装系列设计 131

第一节　女装系列设计概述 132
一、女装系列设计的概念 132
二、女装系列设计作品的特点 132
三、女装系列设计作品的评价标准 132
四、系列设计的意义 134
第二节　女装系列设计创意灵感 134
一、从历史积淀或行业传统中汲取灵感素材 135
二、从自然景观中寻找设计灵感 135
三、从姊妹艺术中汲取灵感素材 136

四、从目标品牌中汲取灵感素材 138

五、从科技成果中汲取灵感素材 138

六、从跨界品牌产品中获得灵感 138

第三节　女装系列设计方法 140

一、主题主导系列设计法 140

二、廓型主导系列设计法 141

三、结构主导系列设计法 142

四、细节主导系列设计法 143

五、色彩主导系列设计法 144

六、面料主导系列设计法 146

七、图案主导系列设计法 147

八、工艺主导系列设计法 148

九、服饰品主导系列设计法 149

第四节　女装系列设计作品赏析 150

第七章　女装产品设计 155

第一节　女装市场与流行 156

一、女装市场调研 156

二、女装流行信息 157

三、流行资讯获取途径 163

第二节　消费人群和产品定位 165

一、消费人群定位 165

二、产品定位 167

第三节　产品设计主题提案 169

一、何谓主题 171

二、主题的推出 172

第四节　产品设计主题规划 177

一、主题色彩规划 177

二、主题面料规划 180

三、主题图案规划 182

四、主题廓型规划 183

第五节　主题化女装产品设计 185

一、主题化产品品类规划 185

二、主题化产品设计 186

三、产品打样 194

参考文献 197

设计理论

第一章
女装设计概述

课程名称：女装设计概述

课程内容：女装设计基础
女装设计师的职业素养与能力

上课时数：2课时

教学目的：让学生了解女装设计的基础理论知识，掌握女装
设计的基本类型及设计条件，理解设计元素在女
装设计中的重要作用，明确成熟女装设计师应该
具备的职业素养与能力。

教学方式：理论教学为主。

教学要求：1. 分析女装设计的类型及设计条件。
2. 准确把握女装设计元素的重要价值。
3. 明确女装设计师的职业素养与能力。

第一节 女装设计基础

一、女装设计的类型

女装设计的内涵极为丰富，款式变化多样，其分类方法也多种多样，如从年龄、季节、品质和用途等不同角度细分都会有不同的结果。本文选择国际通用标准分类法把女装细分为高级时装、高级成衣、成衣、快速时装四种类型。

（一）高级时装

高级时装（Haute Couture）也叫高级订制装，源于欧洲古代及近代宫廷贵妇的礼服，是法国优秀的传统服饰文化，诞生于19世纪中叶。英国设计师查尔斯·沃斯于1858年在巴黎和平大街开设裁缝店，被认为是世界上第一家高级定制时装概念店。20世纪40及50年代，巴黎世家的时装设计师巴伦夏加把高级定制时装推向了艺术高峰，他的忠实客户包括公爵夫人、西班牙王后、比利时王后等。

高级时装在法国是一种受法律保护的称呼，根据法国高级时装联合公会1992年的规定，高级时装至少应该具备以下4个条件：一是在巴黎设有工作室，能参加巴黎"高级定制服女装协会"举办的每年1月和7月的两次高级定制女装秀；二是每次展示要有75件以上的设计由首席设计师完成；三是常年雇用3个以上的专职模特；四是每个款式的服装件数极少，并且基本由手工完成。

满足以上条件之后，还要由法国工业部审批核准，才能命名为"高级时装"。目前国际上著名的高级时装品牌有CHRISTIAN DIOR（克里斯汀·迪奥）、CHANEL（香奈儿）、JEAN PAUL GAULTIER（让·保罗·高缇耶）、MAISON MARGIELA（马丁·马吉拉）、ELIE SAAB（艾莉·萨博）、VIKTOR & ROLF（维果罗夫）等，如图1-1所示。

（二）高级成衣

高级成衣（Couture Ready to Wear）是指在一定程度上保留或继承了高级时装的某些技术，以中产阶级为对象的小批量多品种的高档成衣，它是介于高级时装和大众成衣之间的一种服装产业。高级成衣与大众成衣的区别，不仅在于其批量大小，质量高低，关键还在于其设计的个性和品位，因此，国际上的高级成衣大都是一些设计师品牌，如图1-2所示。

图1-1　CHRISTIAN DIOR 2021春夏高级定制女装作品

图1-2　SACAI　2020秋冬高级成衣作品

（三）成衣

成衣（Ready to Wear）是指按一定规格、号型标准批量生产的、以一般大众为对象的且较为廉价的成品衣服，是相对于量体裁衣式的定制和自制的衣服而出现的一个概念。其突出特征是服装上的一针、一线、一扣都要考虑成本核算，结构、工艺和细节设计都要适应生产流水线上的制作，尽可能减少甚至取消手工制作的工

3

序，如图1-3所示。

图1-3　LI-NING 2020秋冬女装成衣作品

（四）快速时装

快速时装（Fast Fashion）是现代时装业蓬勃、快速发展的新产物，其关键在于迅速把握时装潮流，缩短成衣的前导时间（从设计到上柜的时间），来减少库存并加速服装的流通性，从而保证产品可以及时盈利。快速时装的特点是紧跟潮流、款式多样、小批量生产、价格中等或较低。代表性品牌有西班牙品牌ZARA，MANGO等，如图1-4所示。

图1-4　MANGO 2018秋冬女装作品

二、女装设计的条件

为了使设计变得更加精准、有效，在开展女装设计之前需要对设计服务的对象有较为全面、深入的了解，具体包括穿着者是谁（Who）、什么时候穿着（When）、在什么地方什么场合穿着（Where）、穿什么（What）、为了什么目的而穿（Why），简称"5W"原则。

（一）Who

即为谁而设计。从女装定制设计角度来看，设计服务的对象非常明确，可以通过面对面沟通清楚获知服务对象的年龄、性格、爱好、体型特征、着装习惯、职业、经济收入、文化程度、社会地位、审美品位等方面的信息，从而方便做出对应的设计方案。但从品牌女装设计角度来看，为谁而设计关联的是品牌的消费者定位问题，同时还受品牌定位、品牌设计理念等其他多重因素的影响，设计服务的对象变成了品牌自我设定的一个目标客户群体，其需求更加多样化，特征变得相对模糊，被熟知的程度降低，设计工作变得越加复杂，一定程度上降低了设计服务的精准性、有效性。

（二）When

即穿着的时间。主要表现为两方面，一是时令季节，即春、夏、秋、冬四季更替变化时人们所选择的不同款式、不同面料和不同色彩的变化；二是具体时刻，即一天之中从早到晚不同时间段服装的更替变化，如上班时的工作服，下班时的休闲服、居家服，晚上派对时的晚礼服等。只有明确具体的穿着时间，设计才变得更加有针对性。

（三）Where

即穿着地方和场合。它既包括自然环境，也包括社会环境。自然环境指的是人们居住的地域环境的不同，如我国南北方的气候、风土人情、风俗习惯等方面的差异都对女装设计产生一定的影响。而社会环境对女装设计的影响更为广泛、深远，如在工作岗位上穿着简洁、大方的职业装更能体现职场女性干练、精致的职业形象；与家人一起度假旅游时穿着情侣装、亲子装更能凸显家庭的和睦、温馨之感。

（四）What

即穿什么服装。现代女性的穿着打扮不仅是为了悦他，更是为了悦己，而不同的服装能为女性带来天壤之别的感受。随着女性工作、生活的压力越来越大，喜、怒、哀、乐的情绪变化更加明显，女装设计的情感关怀显得更加必要。在哀伤、悲凉之时，一个精致、漂亮的当季手提包可以让一部分女性快速从低落的情绪中走出来。因此，女性即便在某些固定的时间、场合之下，也可能会因情绪差异而选择截然不同的服装，设计师应综合多方因素考虑再确定设计服装的类型。

（五）Why

即穿着目的。现今社会女性穿衣的目的早已不再只是为了保护身体、适应气候和遮羞等生理需求，而更多的是满足自我个性的需求、审美需求和社会需求，这为女装设计提供了更多变化的可能。女性可以通过服装展示自己的个性、风采，吸引他人目光；也可以通过服装来彰显身份和教养，表达礼仪和威仪。目的不同，穿着自然千姿百态。

三、女装设计的元素

设计元素是设计师们在沟通交流时出现频率极高的词汇，它是构成服装产品最小、最基本的单位，也是组成服装零部件及其表现形态的基本单位。例如，大家讨论淑女风格的服装特点时经常会提到荷叶边的装饰形态，这种荷叶边的造型、结构及其层叠的数量等都被视为淑女风格的代表性设计元素。根据设计元素在女装产品视觉上的显露程度，可以把设计元素分为显性元素和隐性元素两部分。

（一）显性元素

显性元素是服装外在的、具象的要素，可直接给人产生视觉上的冲击和感觉上的印象，主要包括造型元素、色彩元素、面料元素、图案元素、部件元素、装饰元素等。这些元素是女装设计的核心部分，设计师在女装产品设计过程中首要解决的就是显性元素相互之间的关系，区分主次、合理调配，使它们形成相互支撑、完整统一的和谐关系。切忌不能过分均衡地对待各设计元素，以免造成主次混乱，无法凸显产品卖点，如图1-5所示。

图1-5 LI-NING 2021秋冬女装作品中显性的图案元素

（二）隐性元素

隐性元素是相对显性元素而言的，它是指服装内在的、较为抽象的要素，其显露程度较低、不易被直接察觉产生明显的印象，主要包括辅料元素、形式元素、搭配元素、配饰元素、结构元素、工艺元素等。这些元素既是显性元素的重要补充，也是服装产品成型必备的要素，共同构成了服装产品的整体、完整的形象，如图1-6所示。

图1-6 Y-3 2017秋冬女装作品中隐性的结构元素

对于女装品牌而言，设计元素素材库是不可或缺的。其目的是对浩如烟海的设计元素进行分类、整理及暂存，有助于设计工作的条理化和品牌风格的延续。女装

设计师也应该要有设计元素素材库的规划意识，在分类、整理和更新设计元素的过程中慢慢明晰各种服装风格的特征差异，为形成自己独特的设计风格提供有益的尝试。

第二节　女装设计师的职业素养与能力

在一般人看来，女装设计师可能是一份极为光鲜、靓丽的职业，经常往返于世界时尚圣地，曝光于华美时尚舞台，与鲜花和掌声为伴，与型男和靓女为伍，穿最潮流的服饰，听最动感的音乐，行最自信的步伐。然而，这只是女装设计师给人最外在的印象。通过各类招聘网站对女装设计师岗位职责的描述不难发现，社会和企业对女装设计师的要求是较为全面和严苛的，通过总结分析，女装设计师应该具备以下职业核心素养和能力。

一、职业核心素养

（一）文化艺术修养

文化是艺术之根，文化是设计之魂。常人一般难以直观感受文化的独特魅力，但却可以通过设计师的服饰作品进行传递。服装通常被视为时代的一面镜子，可以折射一个时代的政治、经济、文化、科技发展水平。女装设计师应努力提升自身的文化艺术修养，从多角度、全方位深入感悟时代特性，定期开展艺术研学与文化采风之旅，参观考察各类艺术展览、设计展会和文化交流活动，汲取不同历史时期、不同地域、不同民族的文化素材和文化元素，用艺术化手段和现代科技诠释其无限的魅力。

（二）审美眼光

审美眼光是指人们认识与评价美、美的事物与各种审美特征的能力。一个人的审美眼光可以从他的衣服穿着上体现出来，如是否会搭配，是否能够选择适合自己的服装款式和色彩等。作为女装设计师，不断培养和提升自己的审美能力、开阔眼界是极为必要且十分重要的。眼界广、审美能力强的设计师能从工作和生活的方方面面发现美、捕捉蕴藏在审美对象深处的本质属性，并经过合理转换，成为人们乐于接受的新品之美。所谓的灵光乍现一般对具备深厚文化艺术修养和良好审美品位的设计师较为有效，对缺乏文化艺术感知力和审美判断力的普罗大众而言无非是异想天开罢了。

（三）创新思维

创新是社会发展的动力，也是新时代企业发展的活力，更是设计师成长的生命力。设计师的创新思维不会凭空产生，只有通过不断学习新知识、思考新方法、尝试新技术、探索新科技，在职业生涯和设计全流程中始终保持创新进行时的姿态，才会使自己的创意思维永葆青春。激发创意的最好方法就是行动起来，磨炼自己，与市场尽快融合，让创意在经验中成长，从而丰富自己、活跃自己的思维。

女装设计师需具备的创新思维主要包括设计思考方法的创新性、创作观察视野和角度的创新性、设计手段运用的创新性等。

（四）时尚感悟

时尚感悟体现在女装设计师身上即是对潮流资讯的敏感度和对流行信息的把握度等方面。女装市场瞬息万变，时尚流行资讯风起云涌，设计师只有具备足够敏捷的时尚感悟度和准确的判断力才能及时抓住流行的各要素。或许有些人天生具有很强的时尚感悟力，但大部分人的时尚感悟力基本相同，主要还是靠专业的训练获得时尚感悟能力。例如，多多观察身边时尚人士的日常穿搭，多看时尚电影、时尚杂志，多听时尚话题、时尚音乐会，将不同程度地提升一个人的时尚感。

（五）团队协作

女装设计是一项涉及广泛、纵横交错、分工明确、协作推进的复杂工作，设计师根本不可能、也不被允许独自完成所有的事情。从商品企划到产品销售的全过程，女装设计师几乎要全程参与其中，要始终保持与各部门、各工种协调处理各种事宜的良好关系，因此团队协作必不可少。要学会倾听各种不同的声音，同时又要有自己的判断力。

二、职业核心能力

（一）市场及流行资讯的分析能力

每个设计师服务的女装品牌都有自己定位的市场和消费群体，设计师必须对该市场和消费群体足够了解，主动捕捉和分析市场变化的规律和原因，掌握消费者的消费行为和习惯，挖掘消费者的潜在需求，分析和筛选与品牌相匹配的流行资讯，积极采取对应的设计策略，才可以使产品畅销于市场，使品牌立足于长远。

（二）设计创新与实操能力

"曝光即过时"是对当下许多女装服饰最准确却又是最残忍的评价。女装属于极富变化性的服装门类，比其他任何服装及设计门类都有更高的创新性与时效性的要求。例如，上一季流行的女装款式肯定无法原样流转到下一季上市了，必须要求设计师对其款式、色彩、廓型、材质等方面进行创新与改变，哪怕只是局部尺寸的微调或细节的改变，或是面料及色彩的替换都显得尤为重要。因此，女装设计师必须具备极高的时尚敏感度和设计创新能力，根据流行趋势的变化及时做出设计决策，并有效运用于设计实践之中。具体而言，女装设计师应该具备的设计创新能力包括了解女装的创意思维特征、掌握女装创意思维基本方法和构思方法、掌握女装创意的设计前提和条件等。而女装设计的实操能力包括实践动手能力、女装设计相关设备的操作应用，以及应用现代专业设计辅助工具的相关技能。

（三）专业技术与技能

专业技术与技能相当于女装设计师的看家本领，是开展设计工作必备的能力。由于女装设计师的工作贯穿商品企划、产品开发、生产管理、市场营销等众多环节，其专业技术与技能要求极为广泛，具体包括：绘画技能（绘制产品款式图、效果图和平面制板图等）、材料选择与运用技能、工艺与缝纫技能、造型及表现手段、市场销售知识、沟通与表达能力、协调与承受能力、应变与高科技运用能力等。

（四）空间造型想象力及表现力

服装被视为软体雕塑，也被称为流动的建筑。它既可以是二维的，也可以瞬间转化为三维的形象。女装设计师的核心工作之一就是让二维的服装面料巧妙转化为三维的服装造型形象，以此凸显服装的材质美、造型美和着装状态美。因此，女装设计师必须要具有丰富的空间造型想象力和表现力，既可以用图的形式表现设计草图、效果图、款式图、平面纸样图，也可以用物的形式表现材料在三维人台上的造型效果，即女装立体裁剪的表现力。

（五）设计把控力及整合力

设计把控力及整合力考查的是设计师的综合能力和素质。一般而言，设计把控力指的是从概念设计到设计元素落地转化过程的把控、设计展开时设计师的技术把控、设计呈现时设计师对产品形象的把控；整合力指的是设计师对目标市场定位、品牌定位、设计概念、产品策划与构成、营销推广与展示等全流程中的信息梳理和人员协调的能力。

CHAPTER

第二章
女装色彩设计与应用

应用理论与训练

课程名称：女装色彩设计与应用

课程内容：色彩基础

女装色彩搭配

女装配色技巧

女装色彩系列设计

上课时数：12课时

教学目的：通过女装色彩知识的教学，使学生理解女装色彩
搭配的原理与方法，掌握女装配色技巧，并能熟
练运用于女装色彩系列设计之中。

教学方式：理论教学、线上线下混合式教学、穿插课内实训
内容。

教学要求：1. 掌握女装色彩搭配的基本原理和方法。

2. 熟悉女装配色技巧，合理运用到女装设计之中。

3. 从色彩视角理解并运用女装系列设计。

第一节　色彩基础

一、色相

色相即各类色彩相貌的称谓，如大红、普蓝、柠檬黄等。色相是色彩的首要特征，是区别各种不同色彩最准确的标准，如图2-1所示。

图2-1　各种不同色相的色块

二、纯度

纯度也称饱和度或彩度、鲜度。色彩的纯度强弱，是指色相感觉明确或含糊、鲜艳或混浊的程度。一般来讲，纯度高，色相感觉明确；纯度低，色相感觉模糊，如图2-2所示。

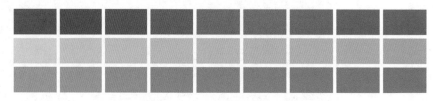

图2-2　从左至右纯度逐渐降低

三、明度

明度是指色彩的明暗程度，又称为亮度、深浅度等。无彩色中，离白色越近，明度越高；离黑色越近，明度越低，如图2-3所示。有彩色中，各纯色的明度不同：黄色明度最高，紫色明度最低，如图2-4所示。提高色彩明度的方法有两种：加入白色或稀释颜色，如图2-5所示。

图2-3　从深到浅的黑灰色渐变

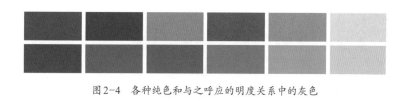

图2-4　各种纯色和与之呼应的明度关系中的灰色

图2-5　纯色相从深到浅的渐变

第二节　女装色彩搭配

一、以色相为主的色彩搭配

（一）邻近色相配色

邻近色相配色是指色相环上任意颜色与相邻（约30°范围内）色彩之间搭配，色彩对比较弱，易于统一、协调，搭配自然。

由于对比弱，邻近色处理不好易显得模糊、朦胧、单调、乏味，可以适当加大其色相之间的明度差、纯度差，或增强面料间肌理差别，也可用其他色彩的服饰配件加以点缀，使其视觉效果更美。如图2-6所示，通过加大邻近色的明度差、纯度差使三套女装获得舒适的配色效果。

（二）类似色相配色

即在色相环上约60°的色彩配色关系。相对于邻近色，类似色的色差更加明显一些，色彩组合自然，视觉和谐悦目，给人一定的视觉变化感。当类似色面积接近之时，可通过增强面料肌理差别获得调和。如图2-7所示，以光泽感皮质面料和哑光压褶面料搭配增强面料肌理差异，获得和谐的配色效果。

以色相为主的色彩搭配

15

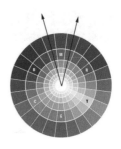

图 2-6　邻近色相配色

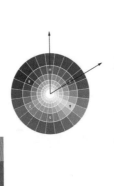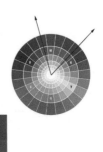

图 2-7　类似色相配色

（三）中差色相配色

　　这种配色关系处在色相环上约90°，色彩对比是介于色相强对比和弱对比之间的中等差别的对比关系，具有较鲜明、明快、活泼、热情、饱满的特点。如果处理不好，这种配色很容易引起不协调，设计时一定要注意色彩面积主次关系及适度的明度和纯度变化。如图2-8所示，通过面积主次关系和加大明度差获得舒适配色效果。

（四）对比色相配色

对比色相配色关系处在色相环上约120°。这种配色对比强烈，各自色相感鲜明，色彩显得饱满、丰富而厚实，容易达到强烈、兴奋、明快的视觉效果。

由于强对比极易使色彩产生不统一、杂乱感，因此，这种配色应注意控制各自的色量、位置、面积、明度、纯度等综合关系，使其在变化对比中统一起来。如图2-9所示，两套女装作品通过面积主次关系和降低色相纯度等手法获得舒适的配色效果。

图2-8　中差色相配色

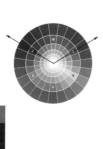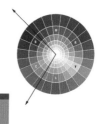

图2-9　对比色相配色

（五）互补色相配色

互补色相配色关系处在色相环上约180°，属于色相上最强的对比关系，易产生富有刺激性的视觉效果，色感饱满、活跃生动、华丽。

由于对比过于强烈，处理不好，这种配色很容易形成不安定、不含蓄和过分刺激的视觉效果。这就需要在色彩比例上尤为注意，可加入黑、白、灰、金等中性色进行调节。如图2-10所示，两套女装通过改变面积主次关系（左）和降低色相纯度（右）获得舒适的配色效果。

图2-10　互补色相配色

二、以明度为主的色彩搭配

以明度为主的色
彩搭配

（一）明度短调配色

色彩和色彩之间明度差别较小，如高明度色和高明度色搭配，中明度色和中明度色搭配，低明度色和低明度色搭配。图2-11中高明度的亮黄色与高明度的杏色搭配呈现活泼、清爽的视觉效果；图2-12中明度与中明度色彩搭配凸显端庄、雅致的配色效果；图2-13低明度与低明度色彩搭配呈现低调、稳重的配色效果。

（二）明度中调配色

明度中调配色是指在明度上属于中等对比的两种颜色搭配，可以是低明度色与中明度色的搭配，也可以是中明度色与高明度色的搭配，这种明度的配色对比较为明快，如图2-14、图2-15所示。

图2-11　高明度+高明度

图2-12　中明度+中明度

图2-13　低明度+低明度

图2-14　中明度+高明度

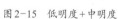
图2-15　低明度+中明度

（三）明度长调配色

明度长调配色是指在明度上属于强对比的两种颜色，即高明度和低明度之间的搭配。这种搭配明度对比强烈，需要注意将色彩间的比例拉大，把其中一种色彩作为主导色，另一种色彩作为点缀色。如图2-16、图2-17所示，无论是低明度的藏青色主调点缀高明度的亮黄色，还是高明度的绿色主调之上点缀低明度的黑色，都能获得良好的配色效果。

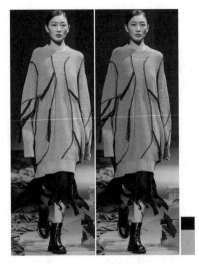

图2-16 低明度（主调）+高明度（点缀）　　图2-17 高明度（主调）+低明度（点缀）

三、以纯度为主的色彩搭配

以纯度为主的色
彩搭配

（一）低差色配色

低差色配色主要指的是高纯度色和高纯度色、中纯度色和中纯度色、低纯度色
和低纯度色的搭配。图2-18高纯度与高纯度的配色适合表现青春活泼、前卫新潮的
女装风格；图2-19中纯度色与中纯度色搭配适合表现柔和、自然、舒适的女装风格；
图2-20中低纯度色与低纯度色搭配适合表现优雅、深沉、宁静、稳重的女装风格。

图2-18 高纯度+高纯度　　图2-19 中纯度+中纯度　　图2-20 低纯度+低纯度

（二）中差色配色

中差色配色主要指的是高纯度和中纯度、中纯度和低纯度的配色。这种配色虽然比低差色配色容易些，但在具体运用时，也要注意色相差和纯度差。图2-21中高纯度的红色、橘色与中纯度的橄榄绿搭配时，靓丽的高纯度红色与橘色使整套女装凸显不羁的个性色彩；图2-22中纯度与低纯度搭配，使整套女装显得格外优雅、舒适。

图2-21　高纯度+中纯度　　　　　图2-22　中纯度+低纯度

（三）高差色配色

高差色配色主要指高纯度色和低纯度色之间的配色。这种配色是否合理主要取决于面积的大小比例和颜色主次的安排。图2-23中高纯度的红色分别与低纯度的灰色、黑色及灰蓝色搭配时，虽然色彩的面积比例差异不大，但是艳丽的红色在色相上占据绝对的主导地位，使配色的主从关系一目了然，获得和谐的配色效果。

图2-23　高纯度+低纯度

第三节　女装配色技巧

　　女装色彩配色关系受穿着者的年龄、个性、喜好、职业等多重因素的影响而千变万化、错综复杂。为了使色彩的布局与经营满足穿着者的各种不同需求，设计师必须要在女装色彩配色过程中巧妙处理色彩的位置、空间、比例、节奏等关系，掌握一定的女装配色技巧才能合理解决设计实践过程中遇到的各种配色问题。女装配色技巧主要有以下几种：

一、隔离法

隔离法

　　隔离法就是用中间色把对比强烈的色彩隔离起来，可以起到缓解和削弱过分强对比的作用。中间色一般指的是无彩色或两个对比过于强烈的中间色彩。

如图2-24所示，利用深沉的黑色为底衬托绚丽的高纯度且色彩对比强烈的蓝色、紫色、鹅黄色，使得整体色彩搭配强烈跳跃，章法有度。

如图2-25所示，女装的四色在色相环中几乎等距，形成良好的间隔关系。高明度、高纯度的绿色与玫红色为互补色，中间间隔了近似明度与纯度的橙色与蓝色，四种颜色在色相环上几乎等距，这样使得对比强烈、充满活力的四种颜色十分和谐地融为一体。

除了在女装产品设计之中得以广泛应用之外，隔离法还特别适用于女装卖场终端陈列。如图2-26所示，采用中性色（深灰色）将面积、数量相等的强对比色隔离开来，使侧挂陈列与展示的女装获得协调、舒适之感。

图2-24 隔离法应用 I

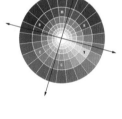
图2-25 隔离法应用 II

图2-26 隔离法应用于女装终端陈列之中

优势法

二、优势法

在多色配色中，色相、纯度、明度关系错综复杂，很容易引起色调的不协调，于是在组合的各个色彩中，加入同一种色彩倾向中和原来繁杂对立的状态，获得配色上的成功。优势法一般从面积、色相、明度、纯度等方面来考虑。

（一）面积优势法

面积优势法是指在女装配色中运用色彩面积悬殊对比关系进行配色处理的方法。即使几种对比的色彩在面积上有明显的主次关系，使面积占统治、主导地位的色彩成为主调，其他色彩成为点缀，从而达到配色的和谐关系。其主要的做法是先选择对比色，然后对色彩面积的主次处理，最后对色彩结合服装款式进行应用，如图2-27所示。

图2-27　面积优势法应用

（二）色相优势法

色相优势法是指在两个对比色中加入第三色或在两个对比色中互相加入少许对方色，从而获得既对比又调和的配色效果。如图2-28所示，先选择红色与绿色的一组对比色，然后同时在红色与绿色中加入第三色的蓝色，同时在红色和绿色中加入少许彼此色，使强烈的对比色（红色与绿色）在色相上得到相互融合与渗透，从而形成舒适的配色效果。

（三）明度优势法

明度优势法是在对比的色组中同时加入黑色或白色使色组的明度一致，从而让配色效果从整体色调上变亮变浅或变深变暗。如图2-29所示，在强对比的红色、黄色、蓝色色组中分别加入白色、黑色之后，三色的明度趋于相近，获得新的色彩组合关系变得更加和谐、融洽。

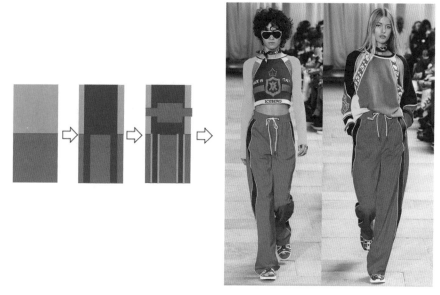

图 2-28　色相优势法应用于女装设计之中

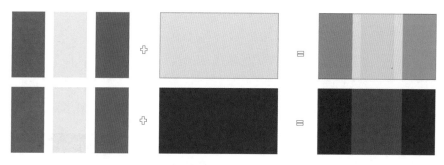

图 2-29　明度优势法具体做法

（四）纯度优势法

纯度优势法是在对比强烈、纯度又高的色组中加入等量的灰色，使色彩的纯度降低，削弱各色相的属性和强对比的关系，从而形成统一、和谐的视觉效果。如图 2-30 所示，运用浊色进行统一而产生配色优势，造成沉静、朴实的格调。

如图 2-31 所示，意大利著名画家乔治·莫兰迪的作品是纯度优势法的典型表现形式，即莫兰迪色系。其最大的特点是在配色时加入灰调或白调，使色彩看起来更加淡雅文艺、平和雅致、冷静沉敛。这种配色方法在影视剧《延禧攻略》的剧服、配饰及场景中广泛应用，使众多不同色系的色彩和谐统一在一个画面之中，高级感十足。

图 2-30　纯度优势法应用　　　　　图 2-31　乔治·莫兰迪油画作品

形态调整法

三、形态调整法

　　形态调整法是指对色块的形状、尺度、位置等方面的重新组织与营造,从而获得配色的和谐与统一。当一套服装上同时出现众多对比强烈的色彩且主次难以区分时,形态调整法则是一种较为有效的手段。具体做法有两种形式:

　　其一是采用改变色块的形状或把色块化聚为散、化整为零,从而分散观者对于色彩的注意,减弱色彩的对比关系。如图 2-32 所示,Viktor & Rolf 通过把色块化聚为散、化整为零的方式,改变色彩的对比与组合关系,有效分散观者对于强对比色

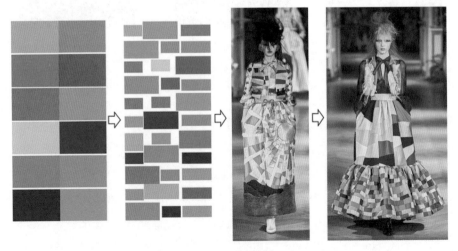

图 2-32　形态调整法应用 Ⅰ

彩的注意力，实现多种色彩的和谐统一。图2-33中，Giorgio Armani 在高级定制作品中也使用形态调整法将色块化整为零进行配色应用，同样收到良好的配色效果。

其二是把众多色彩以点或线的形式反复间隔出现，使多种色彩形成规律性、节奏性的变化关系，从而获得调和、统一的色彩美感。如图2-34所示，间隔出现的线状色块形成强烈的节奏感，分散观者对于色彩的注意力，将视线转向交替变化的韵律美感特征之上。

图2-33　形态调整法应用Ⅱ

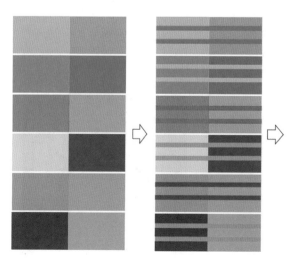

图2-34　形态调整法应用Ⅲ

27

四、透叠法

透叠法即是在一组色彩上叠加一种其他带透明感的色彩，削弱原来色彩之间的对比，降低纯度，实现色彩搭配更加协调统一。透叠法是一种非常有趣的使服装色彩调和的方法。当透明的面料叠置时，会产生新的色彩感觉，如图2-35、图2-36所示。

透叠法

如果在配色实践过程中遇到一组非透明面料时，可以尝试采用镂空其中一种面料后再进行叠加，能获得透叠法相近的配色效果，如图2-37所示。

图2-35　透叠法在女装设计中的应用

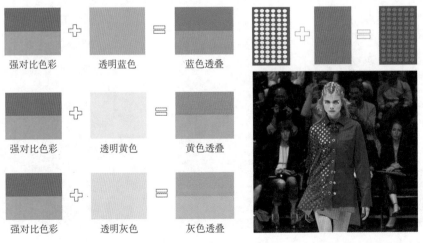

图2-36　同一组对比色在不同透明色透叠下的效果　　图2-37　非透明面料镂空透叠应用

五、渐变法

渐变法又称推移法，就是在两个或两个以上对比强烈的颜色之间加
入一个渐变的色阶，使其按秩序变化而取得调和，如图2-38所示。渐
变法有色相渐变、明度渐变、纯度渐变、面积渐变等形式。

渐变法

（一）色相渐变

色相渐变是指服装的色彩按色相环的顺序推移渐变，有时是局部色相，有时可
能是全色相。如图2-39、图2-40所示，局部色相渐变和全色相渐变使对比较强的
色彩得以调和，同时产生丰富的变化效果，获得配色美感及舒适性。

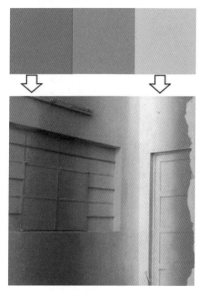

图2-38　渐变法配色　　　　图2-39　局部色相渐变　　　　图2-40　全色相渐变

（二）明度渐变

明度渐变即服装色彩明度从浅到深或从深到浅的顺序渐变过程。具体表现为两
种形式：其一是单一色相的不同明度产生的渐变效果，这种渐变手法简单，在女装
产品中具有广泛的应用价值（图2-41）；其二是多种色相的不同明度产生的渐变感，
这种渐变形式涉及多种不同的色相，在女装产品设计应用中相对较少，鉴于其良好
的视觉导向性，在女装卖场终端陈列之中时有应用（图2-42）。

图2-41　同一色相的明度渐变法应用

图2-42　不同色相的明度渐变在女装终端陈列中的应用

（三）纯度渐变

纯度渐变是指服装色彩按由鲜到灰或由灰到鲜的顺序渐变过程。这种渐变形式可以产生柔和、丰富的视觉效果，在女装产品设计中广泛应用（图2-43）。

图 2-43　纯度渐变应用

（四）面积渐变

面积渐变是指服装色彩按面积由大到小或由小到大的顺序渐变。这种渐变形式可以通过条纹衫、蛋糕裙等图案或款式去表现（图2-44）。

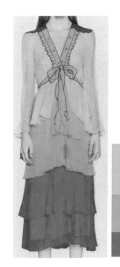

图 2-44　面积渐变应用

第四节　女装色彩系列设计

　　色彩系列设计是指在女装系列设计活动过程中用相关或相近的色彩元素去完成成组、成套方案的方法。色彩元素是女装设计最鲜明、最直观的视觉要素，在诸多系列设计手段中，通过色彩来表现女装的系列感被认为是最普及、效果最好的设计方法之一。通过色彩系列设计，一方面能够体现女装品种的丰富多样性，满足现代女性多样化的需求；另一方面能够凸显女装产品的风格、特色，为女装的品牌化之路提供强有力的保障。CHANEL品牌主打的黑白系列化作品，将品牌的经典与特色表达得淋漓尽致，使其成为百年不衰的国际品牌，如图2-45所示。

图2-45　CHANEL 2020秋冬系列设计作品

　　在女装系列设计中，运用色彩的力量，以单一、双色、三色、多色搭配等配置手段实现女装系列感，其具体做法如下。

一、单一色彩系列设计

　　单一色彩系列设计是色彩系列设计中最为简单、普遍的方法。即在系列女装产品中，虽然服装的款式、结构、材料运用不尽相同，但使用的色彩几近相同，从而形成统一的色彩系列感。由于这种配色效果具有高度统一性、一致性，因此在女装系列设计之中广为应用。如图2-46所示，学生在参赛作品中采用几近单一的黑色系来表达不同款式、不同材质、不同肌理的系列化作品，使多种设计变化要素在单一色系的统一下显得整体、大方，凸显个性与新潮的女装风格特征。如图2-47所示，CALVIN KLEIN 2016春夏作品采用单一的白色系来表现不同的女装产品，凸显品牌简约与优雅的风格特色。

图2-46　楼天婵系列设计作品（指导教师：刘建铅）

图2-47　CALVIN KLEIN 2016春夏系列设计作品

二、双色搭配系列设计

在双色构成的女装色彩系列设计中，为了达到对比中有调和、统一中有变化的目的，很多情况下都以色彩三属性的其中一种属性作为主导来进行配置，形成统一色调。即以大统一协调、小对比的方法来进行。例如，两种强对比的色相进行搭配，就可以考虑同时降低两种颜色的纯度或者同时增加它们的明度，使它们在纯度上或者明度上趋于统一，以达到协调的目的。在双色搭配系列设计实际应用过程中，若能灵活运用如下几项基本原则，或许可以收到更好的色彩系列设计效果。

确定双色之间的主、从关系，并建议主导色的面积占比约为75%，从属色的面积占比约为25%。在色彩系列设计应用过程中，主导色与从属色可以相互转换，从而形成丰富的变化效果。著名设计师Yohji Yamamoto在处理黑白双色搭配时，先将白色作为主导色，黑色视为从属色，使2021春夏系列作品洋溢着青春、浪漫的气息（图2-48）；而在处理2021秋冬系列作品时，换黑色作为主导色，以白色为从属色，使作品风格变得神秘而厚重，实现黑白双色搭配关系的多样性与和谐统一的效果（图2-49）。

由于人的视觉对两种颜色的交界处特别敏感，所以划分色彩区域的交界线时尽量避开容易暴露女性身材缺陷或引起视觉不适的部位，且尽量选在整体比例的黄金分割处。如图2-48所示，设计师在配置黑白双色时，始终把从属色的黑色布局在靠近整体比例的黄金分割处，且使用纵向感的、不规则的色块形式，强化双色搭配的丰富变化性的同时有助于从视觉上修饰服装的整体比例关系。

图2-48　Yohji Yamamoto 2021春夏系列设计作品

图2-49　Yohji Yamamoto 2021秋冬系列设计作品

　　改变简单的双色分割或拼接关系，选择变化更为丰富的色彩过渡关系。例如，选择折线或不规则的波浪线拼接代替直线拼接；在双色分割交界处加入小装饰物等形式以改变分割线的生硬关系，转移视觉的注意力（图2-50）。

图2-50　包心怡系列设计作品（指导教师：刘建铅）

　　采用印花、刺绣、手绘、水洗等特殊工艺方式表达从属色，使从属色更加灵动、多变，赋予双色搭配系列设计更加多元化表达的可能。如图2-51所示，设计师选择手绘、刺绣、手工线迹锁边等手法表达双色搭配中作为从属色的白色，使系列设计作品的色彩关系主次分明、变化丰富、和谐融洽。

　　注重色彩系列的节奏变化关系和呼应关系。例如，在黑、白双色系列设计中，黑色与白色的此消彼长关系会带来节奏的变化关系；黑白双色在系列女装及配饰之间的轮换关系会形成色彩的呼应关系。如图2-52所示，从左边第一套到右边第四套的色彩变化关系是黑色依次递减，白色逐渐增长，这种此消彼长的色彩变化关系使本系列作品具有良好的色彩系列感。

图2-51　Yohji Yamamoto 2019秋冬系列设计作品

图2-52　Y-3 2018春夏系列设计作品

三、三色搭配系列设计

三色搭配是女装色彩系列设计中较为惯用的配色手段。它要求女装色彩系列在总体上控制在三种色彩，三色在色相环中的位置连线最好呈等腰三角形或等边三角形，这样的搭配有助于保持女装系列的总体风格，并使女装系列在色彩上显得统一、和谐，如图2-53所示。

三色搭配同样也需要确立主导色、从属色和点缀色之间的关系，建议单套女装中主导色的面积占比为70%左右，从属色为20%左右，点缀色为10%左右。而在三色搭配系列设计过程中，主导色、从属色和点缀色三者之间的关系并不是一成不变的，可以根据款式特征的需要对三色的角色进行互换，从而使三色搭配系列设计形成丰富的变化效果。如图2-54所示，三色搭配系列设计中的色彩关系明确，黑色为主导色、赭石色为从属色、卡其色为点缀色，形成统一的色调关系。如图2-55

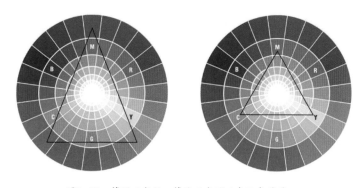

图2-53　等腰三角形、等边三角形三色配色关系

图2-54　赵宇瑜系列设计作品Ⅰ（指导教师：刘建铝）

所示，本系列作品采用黑色、灰绿色、米黄色三色搭配，每套服装的主导色、从属色和点缀色都不尽相同，三色之间的角色进行互换，使系列作品的色彩关系变化更为丰富、多样。

图2-55　赵宇瑜系列设计作品Ⅱ（指导教师：刘建铝）

四、多色搭配系列设计

多色搭配系列设计是指由三种以上不同色相的色彩组合搭配，形成多色协调统一的和谐关系，称为多色搭配系列设计。

多色搭配是女装系列设计的主流做法，它能带来富有变化的节奏、韵律，产生丰富的视觉效果，满足女性多样化的需求。在多色搭配系列设计中，最好先确定主色与辅色的关系。一般的做法是赋予女装的主体为主色，以大面积的主色串联起系列女装之间的关系，然后分别以不同的辅色点缀女装的局部（如领子、门襟、口袋等）和装饰细节，从而有助于形成色调鲜明的多色搭配系列化女装。如图2-56所示，该系列作品选择黑色作为主体服装的主导色，以灰色、红色、蓝色、秋香黄等色彩为点缀色，应用于服装的局部与细节之间，使整个系列作品的色彩变化丰富而不杂乱，主次关系明确，色调和谐统一。

为了使系列女装的特色更加鲜明、卖点更加多元化，在多色搭配系列设计中，也不一定要区分主导色、辅助色和点缀色之间的关系，而是采用化整为零、化面为线、化线为点等多种方式对各色彩进行相对均衡化处理，使之形成相互依存、和谐共生的局面。如图2-57、图2-58所示，两个系列作品均采用规律性的多色条纹间隔或多色几何化的色块去表现多色之间的搭配关系，各色相之间的主次关系并非十分明确，但整体色彩关系依旧十分融洽，究其原因便在于各色相的纯度、明度及面积配比等关系达到了一种相对均衡的状态。

图2-56　俞文倩系列设计作品（指导教师：刘建铅）

图2-57　MISSONI 2019秋冬系列设计作品

图2-58　EMILIO PUCCI 2017春夏系列设计作品

CHAPTER **03**

应用理论与训练

第三章

女装图案设计与应用

课程名称：女装图案设计与应用

课程内容：图案构成形式

女装图案表现手段

女装图案造型方法

女装图案设计优秀案例

上课时数：12 课时

教学目的：了解女装图案的基本构成形式和表现手段；掌握
女装图案造型方法，根据不同风格的女装作品开
展有针对性的图案设计与应用；借鉴优秀女装图
案设计作品案例，选择合适的图案表现手段并完
成相应的女装图案设计。

教学方式：理论教学、线上线下混合式教学、穿插课内实训
内容。

教学要求：1. 分析女装图案的构成形式和表现手段。

2. 准确把握女装图案造型方法。

3. 合理开展女装图案设计与应用。

第一节　图案构成形式

一、单独图案

不与周围发生直接联系，可以独立存在和使用的图案叫单独图案。单独图案是图案组织的最基本单位，具有相当的独立性，并能单独地用于装饰（图3-1）。单独图案分为自由图案和适合图案两种形式。

图3-1　VALENTINO 2019秋冬女装作品中单独图案的应用

（一）自由图案

自由图案是指任意外形的独立图案，它不受外轮廓的约束，变化自然、丰富，主要有均衡式和对称式两种表现形式，如图3-2、图3-3所示。

（二）适合图案

适合图案是指图案造型受一定的外形轮廓限制，图案必须配置在特定的形状之中，如方形、圆形、三角形等几何形，或严整的自然形体如葫芦形、扇形、桃形等，如图3-4所示。

在设计实践过程中，适合图案的形状可以根据需要相互之间进行转化，从而达到满足多种不同需求的装饰目的，如图3-5所示。

图3-2　均衡式　　　　　　　图3-3　对称式

（a）圆形　　　　（b）多边形　　　　（c）方形

图3-4　适合图案

（a）圆形　　　　（b）八边形　　　　（c）方形

图3-5　适合图案及其应用（作者：毛玲慧，指导教师：刘建铅）

1. 适合图案的表达

第一步：选择外形，即根据设计需要选择合适的几何形或者严整的自然形。

第二步：确立骨架线，即确定整个图案的主体架构。

第三步：描绘细节动势走向，即在主体架构基础上添枝加叶，使图案变得饱满丰富（图3-6）。

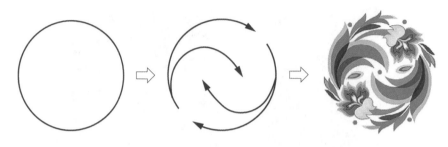

图3-6 适合图案的表达

2. 适合图案骨架样式

（1）直立（对称式）适合图案。以向上直立的图案为中心，分别向左右两侧对称构成，具有严谨的结构，属于规则的组织形式，稳重大方、庄重典雅（图3-7）。

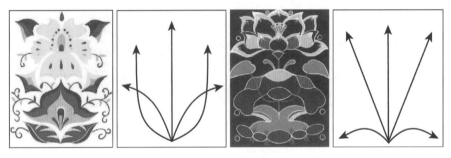

图3-7 直立（对称式）适合图案

（2）放射（向心式）适合图案。以某个中心为焦点向内发射聚集的适合图案组织形式为放射向心式适合图案。其特点是灵活多变，具有收敛感；图案组织起来有一定难度，特别要照顾图形的相互关系及衔接关系（图3-8）。

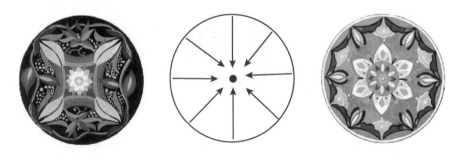

图3-8 放射（向心式）适合图案

（3）放射（离心式）适合图案。以某个点为起始位置向四周发射的适合图案组织形式为放射离心式适合图案。其特点是灵活多变，具有膨胀与扩张感（图3-9）。

（4）放射（回旋式）适合图案。与放射离心式、向心式图案相近，放射（回旋式）图案也有向心式和离心式两种，它们均采用运动形态向四周旋转或由四周向中心旋转，产生生动优美的效果。其特点是具有极强的动感，较适合表现飞禽走兽及藤状类植物（图3-10）。

（5）均衡式适合图案。均衡式适合图案寻求视觉上的平衡关系，造型变化灵活自如，线条优美，广泛应用于女装产品设计之中，易达到视觉上与心理上的平衡感（图3-11）。

（6）多层式适合图案。多层式适合图案是由多个适合图案组合而成的一种较为复杂的骨架样式。这种图案最常用于服饰及家纺设计之中，如头巾、床单、被套、地毯、靠枕等（图3-12）。

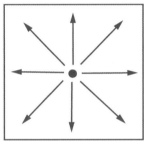

图3-9　放射（离心式）适合图案

图3-10　放射（回旋式）适合图案

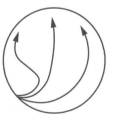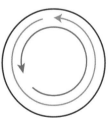

图3-11　均衡式适合图案　　　　　　　图3-12　多层式适合图案

二、连续图案

连续图案即以一个或多个装饰要素组成的单位图案进行重复排列形成的无限循环、连续不断的图案。连续纹样一般有二方连续图案和四方连续图案两种形式。

（一）二方连续图案

二方连续图案又叫带状图案或花边图案，是由一个或多个图案向左右或上下重复而组成的图案。它具有较强的秩序感、节奏感，适合做服装边缘部位的装饰，如门襟、下摆、袖口等部位，如图3-13、图3-14所示。其构成的骨架形式主要有以下几种。

二方连续图案

图3-13　二方连续图案在女装设计中的应用

图3-14　二方连续图案

1. 垂直式

具有明显的方向性，图形与边线向上或向下作垂直状，分为悬垂式或向上式两种。悬垂式适合表现葡萄、黄瓜、吊兰等植物，它符合植物的生长规律；向上式适合于大多数动物、植物、风景的表现，具有普遍性（图3-15）。

2. 倾斜式

倾斜式图案骨架形式具有较强的动感和不稳定性，适合表现飞禽和走兽等动物，以凸显其独特的个性，如图3-16、图3-17所示。

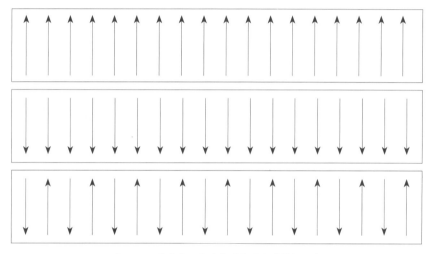

图3-15　垂直式二方连续图案的多种骨架形式

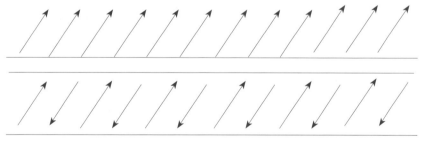

图3-16　倾斜式二方连续图案骨架形式

图3-17　倾斜式二方连续图案

3. 几何连缀式

单位图案之间以圆形、菱形、多边形等几何形相交接的形式作连接，分割后产生强烈的画面效果。设计时要注意正形、负形面积的大小和色彩的搭配，如图3-18所示。

4. 散点式

单位图案一般是完整而独立的单独图案，以散点的形式分布开来，之间没有明显的连接物或连接线，简洁明快，但易显呆板生硬。可以用两三个大小、繁简有别的单独图案组成单位图案产生一定的节奏感和韵律感，装饰效果会更生动，如图3-19、图3-20所示。

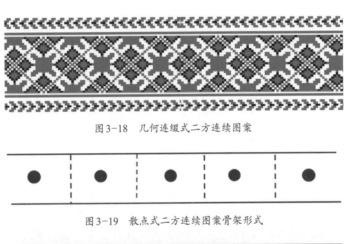

图3-18　几何连缀式二方连续图案

图3-19　散点式二方连续图案骨架形式

图3-20　两种不同形式的散点式二方连续图案

5. 波线式

波线可分为单波线和双波线。波线可作为纹饰出现在边缘也可以作为主体出现在结构内部。灵活、运动感、视觉连续性强，生动，如图3-21、图3-22所示。

6. 折线式

折线具有明显的向前推进的运动效果，连绵不断、单位图案之间以折线状转折作连接，直线形成的各种折线边角明显，刚劲有力，跳跃活泼，如图3-23、图3-24所示。

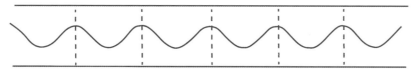

图3-21 波线式二方连续图案骨架形式

图3-22 波线式二方连续图案

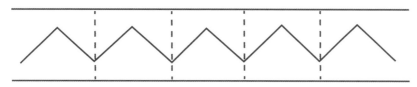

图3-23 折线式二方连续图案骨架形式

图3-24 折线式二方连续图案

（二）四方连续图案

四方连续图案是由一个图案或几个图案组成的一个单位，向左、右、上、下四个方向反复连续而形成的图案。因其具有向四面八方反复循环、连续不断的构成特点，又被称为网格图案，如图3-25所示。

四方连续图案

四方连续图案应用很广，如服装面料、家纺产品、印刷产品等，较多用四方连续图案。应用时要注意单元之间彼此衔接处理自然，既可以反复连续地单独排列，也可以有主次层次的穿插连续，讲究自然活泼、虚实得当、疏密有致、整齐统一的艺术效果。其构成的骨架形式主要有如下三种。

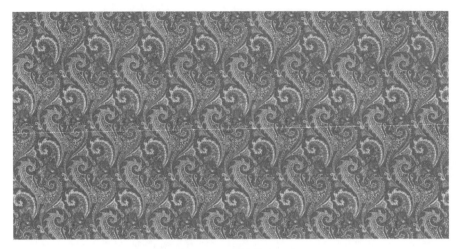

图 3-25 四方连续图案

1.散点式

以一个或几个装饰元素组成基本单位图案，作分散式点状排列，即构成散点式四方连续图案。散点式构图一般为散花形式，在图案排列上是散开式，图案之间不直接连在一起。特点是清晰明快，主题突出，节奏感强，如图3-26、图3-27所示。

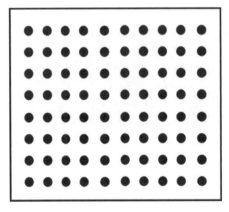

图3-26　散点式四方连续图案骨架形式

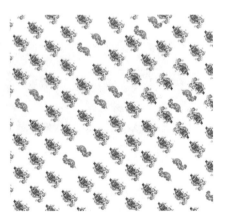

图3-27　散点式四方连续图案

2. 连缀式

以一个或几个装饰元素组成基本单位图案，排列时图案相互连接或穿插即构成连缀式四方连续图案。其特点是连续性较强，具有浓厚的装饰效果。图案较多采用方形、圆形、菱形、阶梯等形式，如图3-28所示。

3. 重叠式

重叠式四方连续图案是采用两种以上的纹样重叠排列在一起而形成的。底层的花纹叫地纹，上层的花纹叫浮纹。一般用地纹作衬托，浮纹作主花，形成上下层次的变化关系。重叠式四方连续图案的构成方法常见的有四种：其一是几何地纹与散点浮纹重叠构成；其二是散点地纹与散点浮纹重叠构成；其三是连缀地纹与散点浮纹重叠构成；其四是相同地纹与浮纹（采用不同表现方法）重叠构成，如图3-29所示。

图3-28　连缀式四方连续图案

图3-29　重叠式四方连续图案

第二节　女装图案表现手段

　　女装图案设计离不开表现手段，恰当的表现手段能使图案设计充分展现其独特的魅力，进而为女装产品乃至品牌塑造独有的形象，增强产品的附加值。女装图案

表现手段很多，常见的有印、绣、染、绘、织、缀、拼、镂空、添、抽纱等。设计从业者只有充分理解与掌握这些表现手段，才能更好地完成女装产品的设计与开发。

一、印花

在女装设计领域，印花工艺是最常用的图案表现手段之一。目前，国内常用的印花工艺有水浆印花、胶浆印花、植绒印花、发泡印花、烂花、金银粉印花以及数码印花等形式。这些工艺形式变化多样，特色鲜明，但都有一定的局限性。

（一）水浆印花

水浆印花是通过丝印网版的网孔将"水浆""漏印"到面料上的一种工艺。它是丝网印花行业中一种最基本的印花工艺，几乎所有的浅底色面料上都可印。其主要工艺流程为制版、调色、对位、刮浆等步骤，如图3-30所示。

水浆印花

制版　　　　　　　调色图　　　　　　　对位　　　　　　　刮浆

图3-30　水浆印花主要工艺流程

1. 水浆印花的特点

其一是图案色彩需分色处理，多色图案需制作多个花版，如图3-31所示。需要将原图一分为三，黄色、蓝色、紫色分别提取出来，并各自独立制作成花版。特别需要注意的是在提取主体颜色的过程中会丢失一部分过渡微妙的渐变色，这也是水浆印花工艺的难点，因此不主张以水浆印花工艺表现具有较强渐变效果的图案。其二是打样成本较高，但大货成本较低。其三是效率低，一次只能印一色，待干后再印下一色。其四是应用广泛，色牢度高，透气性好。其五是由于水浆遮盖性较差，较难在深色面料上应用。

2. 水浆印花在女装设计中的应用

水浆印花是目前应用最为广泛的一种印花工艺手段，因其低廉的价格，较多应用于中低端女装产品中，尤其在T恤品类中应用最为广泛，如图3-32所示。

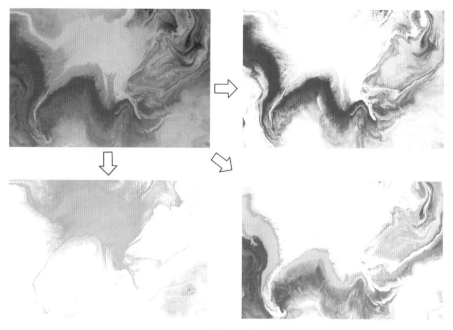

图3-31　图案色彩分色处理

图3-32　水浆印花

（二）胶浆印花

胶浆印花工艺是应用特殊的化学凝胶与染料高度无缝混合，染料通过凝胶的介质作用，牢固地附着在面料上而成，其原理与水浆印花一致。其优点是适应各种色深及材质的印花（如棉、麻、黏胶、涤纶、皮革等）色彩靓丽，还原度高。不足之处是经过胶浆印花处理的区域有

胶浆印花

一定硬度，影响面料本来的特性，容易变得不透气。它适合字母、数字等小块面图案，不适合大面积的实底图案（图3-33）。

图3-33　胶浆印花

（三）植绒印花

植绒印花是利用高压静电场在坯布上面栽植短纤维的一种产品，即在承印物表面印上黏合剂，再利用一定电压的静电场使短纤维垂直加速植到涂有黏合剂的坯布上（图3-34）。

植绒印花

植绒工艺具有显著的特点。其一是立体感强，颜色鲜艳，手感柔和，不易脱绒、耐摩擦，同时不受图案形状、大小限制（忌大面积实底图案）。其二是应用范围极其广泛，在天然纤维与人造材料之上都可以印制，如棉、麻、皮革、尼龙、橡胶、金属、泡沫、塑料等。

图3-34　植绒印花

（四）发泡印花

发泡印花又称立体印花。其原理是在胶浆印花染料中加入一定比例高膨胀系数的化学物质，经过印花处理、烘干后用200~300℃的高温起泡，实现类似"浮雕"般的立体效果（图3-35）。

发泡印花

发泡印花对图案有一定的基本要求，即图案整体，不宜表现太小的细节，否则发泡的效果不明显；适合表现字母、数字、几何感较强的图案。

发泡印花的工艺特点是图案的立体感强，视觉效果明显；图案的细节呈现效果较弱，印花后的服装透气性较差，因此不宜大面积实底印花。

图3-35　发泡印花

（五）数码印花

数码印花是用数码技术进行的印花。数码印花技术是随着计算机技术不断发展而逐渐形成的一种集机械、计算机电子信息技术为一体的高新技术产品。这项技术的出现与不断完善，给纺织印染行业带来了一个全新的概念，其先进的生产原理及手段，给纺织印染带来了一个前所未有的发展机遇（图3-36）。

数码印花

数码印花特点：无须制版，无须分色，效率高，污染少，打样成本低；色彩鲜艳，图案清晰，细节过渡自然，如照片般效果；色牢度高，手感柔软，透气性好；相对热转移印花，数码直喷的速度稍慢、墨水成本略高、颜色准确性相对较弱；局限是深底色面料上不能数码印浅色的图案。

目前市面上流行的数码印花主要有数码热转印与数码直喷两种形式。

图3-36　数码印花

1. 数码热转移印花

将图案用热转印油墨打印到特定的转印纸上，再通过高温（180~260℃）把图案从转印纸转印到面料上，如图3-37所示。

（a）热转印设备　　　　　　　　　　　（b）打纸设备

图3-37　数码印花设备

数码热转移印花对面料的基本要求：面料涤含量必须高，一般要求含涤70%以上；最好选择白色的熟坯或浅色的耐高温面料，比图案色彩深的面料无法使用。

热转移印花常用面料：色丁、牛津布、空气棉、涤丝绸、涤丝绉、复合丝、涤弹哔叽呢、涤弹华达呢、竹节布、涤纶四面弹、涤盖棉、人造麂皮、涤纶高仿棉等。

2. 数码直喷印花

即用数码打印机在各种服装面料上直接打印出来所需要的图案，不需要像热转印那样将图案打印在特种纸张上再转印至服装面料上，因此节约了纸张资源。

数码直喷印花对面料有一定的要求：一般用于棉、麻、真丝或棉含量较高的棉涤，棉氨等；最好选择白色的熟坯或浅色的面料，棉类织物需烧毛；面料需预处理（上浆、皂洗、蒸煮等），后期需固色烘干（图3-38）。

图3-38　数码直喷设备

二、绣花

绣花也称刺绣，又名"针绣"。以绣针引线，按设计的花样，在织物上刺缀运针，以绣迹构成纹样或文字，是我国优秀的民族传统工艺之一。因绣花多为妇女所作，故又名"女红"。苏绣、粤绣、湘绣、蜀绣，号称"四大名绣"。在女装设计中常用的绣花形式有彩绣、贴布绣、包梗绣、珠绣及十字绣等。

彩绣、贴布绣

（一）彩绣

彩绣泛指以各种彩色纱线绣制图案的刺绣方法，具有绣面平服、线迹精细、色彩鲜明的特点。彩绣工艺与针法具有鲜明的代表性，是其他刺绣的基础，掌握彩绣基本针法是掌握其他刺绣的关键，如图3-39所示。

（二）贴布绣

贴布绣也称补花绣，是一种将其他布料剪贴绣缝在服饰上的刺绣形式。其绣法是将贴花布按图案要求剪好，贴在绣面上，也可在贴花布与绣面之间衬垫棉花、棉絮等填充物，使图案隆起而有立体感，贴好后再用各种针法锁边。

贴布绣有两种加工形式。一是直接在服装成衣或裁片上完成贴布绣图案。这种贴布绣形式的图案与服装之间一次缝合成型，图案服贴、平整，与服装之间贴合度高，不足之处是如果贴布绣出现问题将浪费整件衣服或整个裁片，容易造成浪费，较适用于中高端女装产品（图3-40）。二是先独立完成贴布绣图案，再将该图案缝制在成衣或裁片之上。这种贴布绣形式的图案与服装之间是二次缝合的，所

以贴合度会稍差一点，处理不好的话贴布绣图案容易拱起而影响服装的整体效果（图3-41）。

图3-39　彩绣

图3-40　VALENTINO 2021秋冬女装贴布绣图案作品

图3-41　LIBERTINE 2021秋冬女装贴布绣图案作品

（三）包梗绣

包梗绣是中国刺绣传统针法之一，主要运用于苏绣，它是先用较粗的线打底或用棉花垫底，使花纹隆起，然后用绣线绣没，一般采用平绣针法（图3-42）。包梗绣花纹秀丽雅致，富有立体感，装饰性强，适宜绣制块面较小的花纹与狭瓣花卉，如菊花、梅花等，一般用单色线绣制。

包梗绣、珠绣、
十字绣

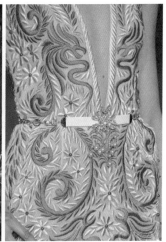

图3-42　包梗绣

（四）珠绣

珠绣是指由各种空心珠、亮片用线缝缀在面料上的一种方法。珠绣艺术特点是珠光宝气，晶莹华丽，色彩明快协调，经光线折射又有浮雕效果，是高定服装及私人定制礼服常用的刺绣手法，特别适合于礼服和舞台服以及服饰配件的装饰，具有特殊的魅力，深受人们喜爱（图3-43）。

图3-43　采用珠绣装饰的高定服装作品

（五）十字绣

十字绣是用专用的绣线和十字格布，利用经纬交织搭十字的方法，对照专用的坐标图案进行刺绣，任何人都可以绣出同样效果的一种刺绣方法。十字绣是一种古老的民族刺绣，以其绣法简单，外观高贵华丽、精致典雅著称（图3-44）。

图3-44　十字绣

三、染

据文献记载，我国古代染料多来源于植物，故从木；染料须加工成液体，故从水；染须反复进行，故从九；是为"染"。图案染色工艺繁杂，常见的有扎染、蜡染、夹染等形式。

（一）扎染

扎染是通过纱、线、绳等工具，对织物进行扎、缝、缚、缀、夹等多种形式组合后进行染色。其目的是对织物扎结部分起到防染作用，使被扎结部分保持原色，未被扎结部分均匀受染，从而形成深浅不一、层次丰富的色晕和皱印效果。

扎染

由于传统扎染工艺主要使用植物染料，因此它适用的面料主要是天然材料，如棉白布或棉麻混纺白布等。扎染工艺的主要步骤是设计图案、绞扎、浸泡、染布、蒸煮、晒干、拆线、漂洗、碾布等，其中绞扎手法和染色技艺是关键技术。

经过扎染工艺处理的图案色泽鲜艳，晕色丰富，变化自然，趣味无穷；手工捆扎，个性化、随意性、偶然性强，为设计创作者带来无限的创作乐趣（图3-45～图3-48）。

图3-45　传统扎染所需的原材料及扎染常用工具

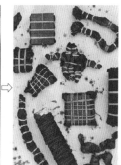

（a）扎、缚、夹　　　　　　　（b）浸染、煮　　　　　　　（c）拆线、晾干

图3-46　扎染主要步骤

图3-47　多色扎染效果

图3-48　扎染工艺在女装产品设计中的应用

（二）蜡染

蜡染是我国古老的少数民族民间传统纺织印染手工艺，古称蜡缬，与绞缬（扎染）、夹缬（镂空印花）并称为我国古代三大印花技艺。

蜡染工艺过程是用蜡刀蘸取熔化的蜡液将设计图案绘制于面料，起到防染作用，以蓝靛浸染，去蜡，呈现出蓝底白花或白底蓝花的图案效果。在浸染中，作为防染剂的蜡自然龟裂，使布面呈现特殊的"冰裂纹"，使蜡染图案层次丰富、自然别致。

蜡染

蜡染与扎染的染色原理相似，但工艺技法有所区别，蜡染以蜡刀作画，图案造型及细节表达可控性强，更能表现精致的图案细节；扎染更有利于表现抽象的、写意性较强的图案（图3-49~图3-52）。

（a）图案设计、上蜡

（b）浸水

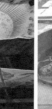

（c）浸入染缸染色

（d）煮布脱蜡

（e）漂洗、晒干

图3-49　蜡染工艺主要流程（陈建摄影作品）

图3-50　蜡染

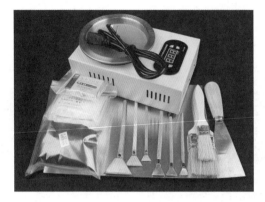
图3-51 蜡染主要工具

图3-52 蜡染女装设计作品

（三）夹染

夹染，也称夹缬，它是用两块或两块以上的花版将被染的织物对折后在其中夹紧，染液难以渗入而产生花纹的一种方法。基于夹染的工艺特性，这种手法比较适合表现对称的图案类型。夹染的技术关键是制作花版、夹固的松紧、染色的时间、面料的吸水性、染料的上染性能、染液的温度控制等环节（图3-53、图3-54）。

夹染

图3-53 夹染作品

图3-54 夹染花版制作

四、手绘

手绘是指用画笔和染料直接在服装上进行图案创作的一种手法。手绘工艺不受机械印染及多种图案套色的局限，方便灵活，是使面料获得外观艺术效果的较直接又简便的方法。不过手绘技法对绘画艺术的功底要求较高，笔墨可以采用写意或工笔，浓淡随意相宜，能很好地表现面料的艺术个性。

手绘

根据手绘图案工艺的特点可以将其分为两种形式。其一是工笔或写意形式，即采用隔离胶先将图案线条封住，再用染料在画面上分区域上色。例如，丝绸手绘就是采用这种形式，图案晕色自然、造型精美、细节生动（图3-55）。其二是涂鸦手绘形式，即采用画笔或喷漆等工具直接在成衣上完成构想，图案造型变化自然、随意，色彩奔放，深受当下年轻潮流女性的喜爱（图3-56）。

图3-55　裘海索手绘服装作品

图3-56　MOSCHINO 2020早春涂鸦服饰作品

第三节　女装图案造型方法

　　女装图案的素材来源极其广泛，设计师通过各种渠道都可以轻松获得各种装饰素材，如果不加处理就应用于产品将无法凸显品牌的特色与风格，所以对装饰素材的造型处理是关键。随着设计观念的更新、设计手段的多元化和现代化，女装图案的内容和形式呈现出无比丰富的多样性与全新的风格。因此，图案造型方法也呈现出灵活性和多样性的特征。

一、省略法

　　省略法又称"简化法"，是指大胆舍弃与设计目的关联度较小的一切细节和重复的要素，高度概括处理原型的形态，保留其主要特征，以求以少胜多、以点概面，既简单、凝练，又能传神达意，富有形式感、艺术性。这种造型方法非常主观，但却也不是随意的，省略主要是为了更加直观地表达原型最生动、最富有装饰意味、最适应人们审美需要的形象。在女装图案设计中，花卉的造型变化就经常用到省略法（图3-57、图3-58）。

图3-57　经过省略法处理的植物花卉图案

图3-58　DRIES VAN NOTEN 2020秋冬作品

二、添加法

添加法是指在原型经过简化处理的基础上添加各种富有装饰性或寓意性或联想相关的纹饰，目的是强调和突出原型的装饰感及寓意性，使原型的形象更加丰满、装饰性更强、寓意更深远。添加法主要有寓意性添加、联想性添加、肌理性添加和抽象性添加等多种形式。

（一）寓意性添加

寓意性添加是指通过谐音、寓意等方法，赋予原本的自然物象一定的象征性和寓意，使其表现出丰富的艺术语言和吉祥寓意，如"松鹤延年"寓意高洁长寿；"鱼戏莲"寓意安详、富裕、和谐等之意；"蝶恋花"寓意甜蜜的爱情和美满的婚姻以及美好的祝愿等（图3-59）。

（a）松鹤延年　　　　　　　（b）鱼戏莲　　　　　　　（c）蝶恋花

图3-59　寓意性添加图案

（二）联想性添加

联想性添加指将相互具有关联性的两个形象整合在一起，使人产生美好的联想，使图案具有装饰意味，如图3-60所示。

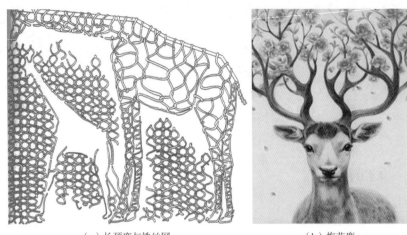

（a）长颈鹿与铁丝网　　　　　　　　　　（b）梅花鹿

图3-60　联想性添加图案

（三）肌理性添加

在原型简化后的轮廓内部添加与形象相关（或无关）的肌理，使原型的形象更加饱满、丰满，更具有装饰意味，如图3-61所示。

（a）相关肌理添加　　　　　　　　　　　（b）无关肌理添加

图3-61　肌理性添加

（四）抽象性添加

在主体形象上或形象后面添加抽象的点、线、面或其他抽象的图形，使图案更加具有层次感和丰富的变化效果，如图3-62所示。

（a）牛的抽象性图案添加　　　　　（b）凤凰的抽象性图案添加

图3-62　抽象性添加

三、夸张法

夸张法是女装图案造型中必不可少的一种表现手段。通过夸张表现出来的图案形象，在结构、形体、色调、比例、肌理等方面凸显新颖、奇特的感觉，将美好的细节、特点夸大并表现得淋漓尽致。夸张不仅是把本来的特性和特征放大，也可以是缩小，从而造成视觉上的强化或弱化的对比关系，表现艺术感染力和张力。图3-63。将人物通过毕加索式的抽象、变形处理，结构、形体、色彩、比例夸张，具有极强的视觉感染力；图3-64为MOSCHINO 2020春夏作品，以毕加索作品为灵感，将超现实的抽象图案运用其中，形成品牌独特的风格。

图3-63　夸张法图案设计

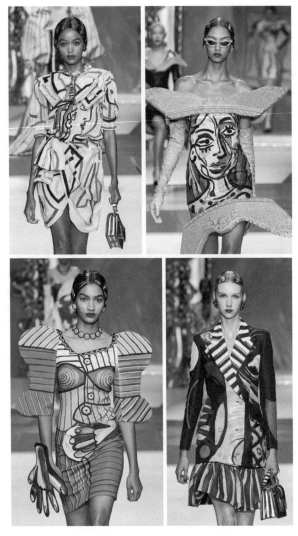

图 3-64　MOSCHINO 2020 春夏作品

四、几何化法

几何化法是一种抽象夸张的方法，即使用点、线、面、体等几何元素构建原型，使其规则化、简约化、装饰化。这是一种最易于掌握的图案造型方法，世间万事万物都可以通过几何化法去概括、提炼，使其形成别具一格的风貌。几何化法的应用关键是选择合适的几何元素去概括和塑造对象，把该物象最具装饰价值的特点表现出来，使画面具有抽象性及想象力（图 3-65、图 3-66）。

图3-65　经过线性几何化处理的动物、植物图案

图3-66　MOSCHINO 2019春夏作品以几何化涂鸦线条图案凸显品牌俏皮的特色

五、拟人法

拟人法是把自然对象当作人一样，赋予喜、怒、哀、乐，使之生动、具体。例如，把动物人物化，或者是把动物的身体与人的头部嫁接在一起，形成人面兽身的装饰关系。也可以把A物与B物彼此互喻，形成错位关系，如给猛虎添上翅膀，让坏人獐头鼠目，让花朵幻化成飞鸟等（图3-67）。

图 3-67　拟人法图案设计

六、解构法

即对原有物象进行解构化处理，即采用打散、重构、叠加、非理性穿插、错位的构成、破裂、倾斜、畸变、扭曲等艺术化处理手法，使原形态发生根本性的改变。解构法在图案设计领域中应用非常广泛，它可以产生丰富的变化，形成极富创意的画面效果，达到良好的装饰目的（图3-68）。

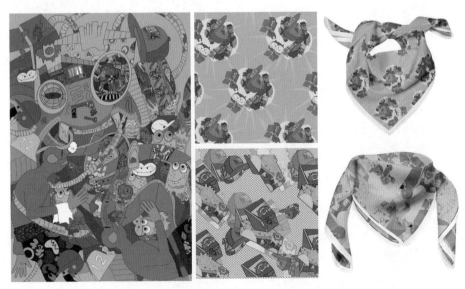

图 3-68　解构法在图案设计中的应用（作者：唐明月，指导教师：刘建铅）

七、拼贴法

根据画面需要选择一些跟主题相关或相近的纸质（或电子）素材，剪成形状各异的小片拼贴入画中，留出（或画出）边线，使画面因材料、肌理、色彩等方面的不同而焕发出丰富的变化效果，形成多种装饰的可能（图3-69）。

图3-69　拼贴法的应用

第四节　女装图案设计优秀案例

一、女装图案设计经典品牌案例

（一）米索尼（MISSONI）

MISSONI被公认为是意大利时装品牌中"针织品"的掌门人，有条纹专家、针织世家之称。色彩+条纹+针织一直是MISSONI品牌的设计特色，也是在众多品牌中直接辨认的最好方法。条纹图案变幻莫测，或粗或细、或长或短、或疏或密，与色彩、肌理组合变化交相辉映，产生与众不同的视觉效果，不仅是品牌的核心标志，也是设计师在每季作品中必定要表达的核心设计元素。

如图3-70所示，MISSONI 2020秋冬系列作品灵感源于20世纪七八十年代的爵士音乐场景，文化交融与波西米亚主义的主题概念贯穿其中。其最出彩的即是变化多样的条纹图案，长短不一、疏密有致、变化自然，色彩和谐、高级。

如图3-71所示，MISSONI 2018年秋冬系列作品的秀场被营造成"雨后街头"的氛围，图案采用温暖又大胆的色彩拼接手法，打造花样繁复、色彩斑斓的针织系列，针织肌理变化多样，兼具青春与复古的气息。

图3-70　MISSONI 2020秋冬作品

图3-71　MISSONI 2018秋冬作品

（二）璞琪（EMILIO PUCCI）

素有"印花王子"之称的EMILIO PUCCI擅长将鲜艳欲滴的明亮色彩、波普艺术气味的印花图案、柔软轻飘的丝质材料等设计元素交织融合，营造极为摩登、时髦的气息，同时能营造出度假式的摩登慵懒感。

如图3-72所示，EMILIO PUCCI 2018秋冬系列作品在廓型方面有垂感十足的长裙，也有大廓型的外套；色彩丰富，纯度偏低；图案以印花、烫钻、亮片刺绣为主，同时搭配大量绗缝工艺，使图案变得更加魔幻、复古。

图3-72　EMILIO PUCCI 2018秋冬作品

如图3-73所示，EMILIO PUCCI 2017秋冬系列作品中设计师将荧光、糖果色及马卡龙色组成的高亮度色彩与佩斯利图案玩得出神入化，结合拼接、绗缝、流苏、烫钻等工艺细节，把品牌推向年轻化与现代感。

如图3-74所示，EMILIO PUCCI 2016秋冬系列作品采用高饱和度、强对比的几何化色块塑造了极富装饰感的雪山图案，赋予简约的服装款式极其鲜明的个性色彩。

图 3-73　EMILIO PUCCI 2017秋冬作品

图 3-74　EMILIO PUCCI 2016秋冬作品

（三）安娜·苏（ANNA SUI）

　　美籍华裔设计师安娜·苏被评论界称为"时尚界的魔法师"，她的设计注重细节、喜欢装饰、富有摇滚乐派的叛逆与颓废气质、大胆嬉皮，时髦甜美、强烈的色彩对比和丰富的搭配经常出人意料但又有奇异的和谐。她以设计田园风的碎花图案而著称，常以四方连续图案装饰其各类服装产品，深受消费者的追捧和喜爱（图3-75、图3-76）。

图 3-75　ANNA SUI 2020秋冬作品

图 3-76　ANNA SUI 2018秋冬作品

（四）曼尼什·阿罗拉（MANISH ARORA）

印度设计师曼尼什·阿罗拉擅长以迷幻的印花、精致的绣花图案树立品牌特色，蜚声国际。他的设计灵感来源广博，特别喜欢从大自然和周围环境汲取创作素材，设计手法层出不穷，色彩运用丰富多彩，图案装饰精美，综合运用印、绣、染等多种工艺手法，凸显作品的奢华气息（图3-77、图3-78）。

图3-77　MANISH ARORA 2018秋冬作品

图3-78　MANISH ARARA 2015秋冬作品

二、图案设计实践案例

（一）灵感来源及主题解析

如图3-79所示，该作品灵感来源于"梁祝化蝶"这一美丽传说。蝴蝶忠于情侣，一生只有一个伴侣，它寓意着甜美的爱情和美满的婚姻，因此作品取名为《亦心》，取"蝶恋花"中间的恋字，将其拆分，上半部分为"亦"下半部分为"心"。"亦"在现代文字介绍中是"是"的意思，而"心"就是人们的心脏，是生命，美好的爱情、美满的婚姻对于大多数人来说都是生命中非常重要的，故此得名。

图3-79 《亦心》主图案及辅版图案（作者：陈颖婷，指导教师：刘建铅）

（二）核心元素提取

（1）从自然风光中捕捉穿梭于花丛之中的各种蝴蝶和娇艳欲滴的花朵等素材。

（2）根据照片素材绘制手稿，添加一些爱情的元素，如在蝴蝶翅膀轮廓添加热恋时爱情像火焰的轮廓形状、将花朵的轮廓变成爱心的形状等。

（3）用AI、PS等软件将手绘稿图案进一步深化处理，采用省略法和添加法优化图案造型，获得黑白图案素材（图3-80）。

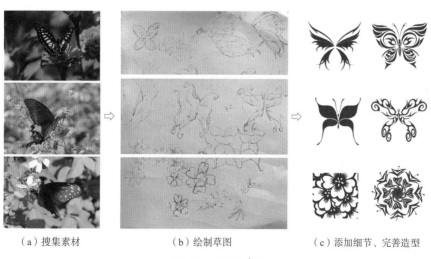

（a）搜集素材　　　　　　　（b）绘制草图　　　　　　　（c）添加细节、完善造型

图3-80 核心元素提取

（三）元素完善及排列组合

（1）提取色彩并应用于黑白图案元素之上。

（2）以"天圆地方"确定基本骨架，"天圆"用来描述时间，"地方"表示四面八方，"天圆地方"就是表示时间和空间，也就是古人说的"天时"，爱情就是讲究天时地利人和，以此来表达爱情是美好且珍贵的这一主题。

（3）将填充好颜色的元素在基本骨架上进行组合排列。蝴蝶向中间聚拢，寓意着爱情是需要两个人同心协力，共同经营才能向着同一个目标前进，不要忘记爱情最初的美好（图3-81）。

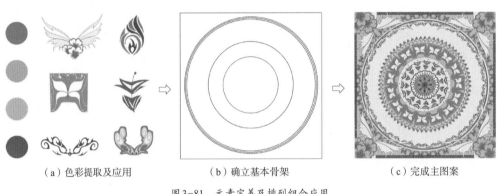

（a）色彩提取及应用　　　　　（b）确立基本骨架　　　　　（c）完成主图案

图3-81　元素完善及排列组合应用

（四）图案应用

1.服饰品应用

在主图案的基础上根据方形丝巾和长方形帆布包的产品特点延伸设计辅版图案，并应用于丝巾和帆布包产品之中（图3-82、图3-83）。

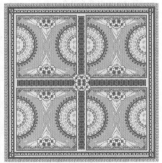

图3-82　丝巾产品应用

图3-83　帆布包产品应用

2. 女装产品应用

　　分析图案风格与特点，将图案分别应用于毛衣、T恤、裙子、裤子等产品之中。特别需要注意的是在图案应用过程中必须考虑不同面料及工艺对图案的制约与影响作用。例如，《亦心》系列图案中具有非常丰富的细节元素，在女装毛衫产品中应用时就应该适当简化细节，以适应毛衫的编制工艺及材质的肌理特性；而在裤子、外套等产品中应用时，可考虑采用数码印花、水印等手段，实现图案细节的完美再现（图3-84）。

图3-84　女装产品应用

CHAPTER

04

第四章

女装材质应用

应用理论与训练

课程名称：女装材质应用

课程内容：女装材料的分类及特点

女装面料与设计的关系

女装材料肌理表现手段

上课时数：8 课时

教学目的：了解女装材料的分类及其特点，搞清面料与设计
之间的关系，为女装材质应用奠定良好的基础；
通过对女装材料肌理表现手段的学习，能够开展
多样化的女装材料二次改造及其应用。

教学方式：理论教学与实践相结合、线上教学与线下实践相
结合。

教学要求：1. 掌握女装材料的基本知识。

2. 认识与区分不同女装的材料及其性能。

3. 合理利用女装材料肌理表现手段开展创新应用。

　　一件成功的女装设计作品必须要有好的面料、辅料与之匹配。没有好的材料，一流的设计与制作都成了无米之炊，无本之木，无源之水。服装材料作为服装设计的三大要素之一，在女装设计中起着至关重要的作用。法国时装大师皮尔·卡丹曾经说过："在服装与纺织面料的历史发展过程中，它们之间总是保持着千丝万缕、难以分割的联系"。这就要求女装设计工作者必须对面料、辅料的性能与风格特点进行深入地了解，从而创作出成功的作品。

第一节　女装材料的分类及特点

一、女装材料的分类

　　女装材料主要由面料与辅料构成。女装面料的种类繁多，流行变化节奏极快。从织物的构成情况来看，常见的女装面料主要分为两类：第一类为纤维制品，它包括天然纤维、再生纤维、合成纤维三种纤维制品；第二类为裘革制品，它包括革皮制品、毛皮制品两种。女装辅料是指除面料之外的所有用料，它主要包括里料、衬料、垫料、填充材料、缝纫线、纽扣、拉链、花边、绳带、商标、吊牌等。

二、女装面料的特点

（一）纤维制品

1.天然纤维
天然纤维分植物纤维（棉、麻）和动物纤维（毛、丝）两类。

　　（1）棉。中国是棉花起源地之一，拥有悠久的历史。而棉织品自古以来就是人类日常生活中的必需品，为全人类所喜爱。棉布的种类繁多，应用的范围非常广泛，素有"衣料之王"之称，四季服装均可选用。其特点是柔软舒适，吸湿性好、耐穿易水洗、价格便宜、不易产生静电、外观自然朴素等。虽然它有易缩水、易褪色、易褶皱等缺点，但随着科技的发展及工艺水平的提升，棉材料的各个性能都有很大的改善，其光泽、强度、柔软度、抗皱性等都较以前有很大的提高。因此，在女装造型过程中，若能灵活地掌握棉织物的特点，加以充分地利用，定能让设计作品起到事半功倍的效果。当下比较常见的棉织物有牛仔布、灯芯绒、牛津纺、平纹布、府绸、卡其、绉布、巴厘纱等，如图4-1所示。

（2）麻。亚麻织物使用的历史最早，也是人类最先开始使用的衣料之一。在埃及，人们利用亚麻织物有8000多年的历史。麻纤维具有吸湿性能好、散湿速度快、干爽、不易滋生细菌等特点，夏天穿着凉爽舒适，干净卫生，出汗不粘身，深受人们的喜爱；质地坚牢、经久耐用，故被时装设计大师迪奥誉为"夏季之王"。虽说麻料手感不如棉制品柔软，但是它那质朴、原始、粗犷的感觉仍受到人们的喜爱。随着科技的发展，麻织物的舒适性得到了很大的提高。近几年棉麻风兴起，麻织物产品深受消费者的追崇。当下较为主流的麻布有亚麻布、苎麻布、夏布等，如图4-2所示。

图4-1　棉织物女装产品

图4-2　麻织物女装产品

（3）丝。蚕丝是我国的文明产物，根据史料记载，蚕丝在我国已有6000多年的历史。远在汉代，我国的丝绸就已经远销国外，在世界上享有盛名。蚕丝是高级的纺织原料，制作的丝绸面料光泽明亮，风格华丽、富贵，手感柔软、飘逸，有较好的悬垂性，面料平整、弹性好。由于丝纤维具有良好的弹性，蚕丝制的衣物贴身性很高，所以非常适合做内衣及家居服等产品。虽然丝织物的优点很多，但其昂贵的价格却令许多人望而生畏，因此在以前只有王公贵族才可以消费。随着生活水平的提高，丝织物产品逐渐进入大众消费市场，需求量急剧增加，设计师在女装设计的过程中一定要考虑全面，尽量减少设计失败的可能性。女装设计中常用的丝织物有电力纺、双绉、乔其纱、真丝绸、织锦缎、烂花丝绒等。其中电力纺、双绉、乔其纱面料轻薄半透明、柔软飘逸，特别能够表现服装行云流水的感觉，为很多品牌所喜爱。如图4-3所示，ANCHE CHEN 2022春夏系列作品选用半透明的真丝薄纱面料，宽大的袖子和长袍式外套上面绣着书法汉字极具辨识度；而刺绣手法则在本就有肌理感的棉麻长袍外套的基础上添加虚实交错的视觉效果，将东方武侠形象表现得淋漓尽致。

图4-3　ANCHE CHEN 2022春夏丝织物产品

（4）毛。羊毛织物是指以羊毛为主要纤维原料的织物。散湿性较好，蓬松、柔软、干爽，穿着暖和、舒适，可塑性及回弹性俱佳，不易皱，能长时间保持衣服挺括平整。另外，羊毛表面有一层鳞片可以保护纤维，故它的耐磨性也很好，经久耐穿。同时毛织物的染色性能也不错，织物面料颜色丰富。虽然毛织物有许多的优点，但是它极容易出现虫蛀及发霉的现象，毛织物耐酸不耐碱，洗涤时应该选用中性或者弱酸性的洗涤剂。

羊毛织品面料的种类很多，可分为精纺呢绒、粗纺和长毛绒三大类。经过精梳处理的羊毛，纤维顺直平行，故织物表面光洁、织纹清晰、手感柔软、富于弹性，做成衣服后平整挺括，不易变形。例如，凡立丁、啥味呢、派立司、华达呢、哔叽呢等适合春季与初夏、秋季的服装用料。粗纺毛织品表面有很多毛绒，毛纤维排列较混乱，经缩绒起毛处理后呢身厚实，手感柔软丰满，保温性良好，宜作秋冬服装和大衣外套。顺毛呢、双面呢等一些拉绒类的面料，在裁剪过程中一定要注意倒毛、顺毛。国际著名服装品牌CHANEL便是以粗花呢闻名全球，2021秋冬高级定制女装作品中就大量运用了粗花呢，如图4-4所示。

图4-4　CHANEL 2021秋冬高级定制作品

2.再生纤维

再生纤维的生产是受蚕吐丝的启发，用纤维素和蛋白质等天然高分子化合物为原料，经化学加工制成高分子浓溶液，再经纺丝和后处理而制得的纺织纤维。它是利用不能直接纺织的天然纤维，如木材、稻草、竹子、大豆渣、高粱秆、甘蔗渣、棉短绒等原来含有纤维素的纤维原料，加以化学加工处理，把它变成和天然纤维一样能够用来纺织的纤维。再生纤维吸湿性能好，透气性佳，穿着较舒适，价格也比较实惠，但也有令人不满意的地方，如易松散，缺乏柔软感，缝合不牢易出现裂缝等问题。2020年始，新冠肺炎疫情肆虐，人们反思消费习惯，注重自然环保，生态可持续。再生纤维纤维面料深受人们喜爱。目前市场上比较常见的面料主要有莫代尔、黏胶、天丝、铜氨、木棉、竹纤维、大豆蛋白纤维等，如图4-5所示。

天丝　　　　　　黏胶　　　　　　铜氨　　　　　　醋酯

图4-5　各类再生纤维女装产品

3. 合成纤维

　　合成纤维自20世纪初开始出现便深受人们的喜爱，它是利用煤炭、石油、天然气和农副产品等原料，经过提炼和化学合成作用而制成。主要品种有锦纶、涤纶、腈纶、维纶、氯纶、丙纶、氨纶等，如图4-6所示。因合成纤维有强度高、密度小、耐磨、耐酸碱、不发霉等特点，其面料易保管、易洗涤、穿着简便，并且相对于天然纤维价格便宜，在20世纪中期风靡一时。其缺点是不透气，容易产生静电反应和起毛现象。

　　随着科技的发展，再生纤维和合成纤维织品与天然纤维特性上相互取长补短，并且进行混纺加以改善织物的服用性能。在服装设计时设计师要认真识别各类纤维制品的特征，选择与自己设计风格相吻合的面料，这样才能设计出完美的作品。

腈纶　　　　　　锦纶　　　　　　涤纶

图4-6　各类合成纤维女装产品

（二）裘革制品

1. 皮革制品

如今社会繁荣昌盛，人们的物质水平不断提高，各类皮革服装及服饰品如手套、皮包、帽子、腰带、鞋靴等越来越受到人们的喜爱。特别是在冬季，因为皮革制品具有抗风性能强、耐磨、美观、帅气、贵气、穿着舒适等特点。尽管皮革制品价格比较昂贵，但仍受多数人所偏爱，因而在服装市场上长久不衰，独领风骚。皮革制品多以牛皮、猪皮、羊皮等原料为主。其中最常见的是羊皮制品，因为羊皮具有轻薄、皮面光洁、质地细腻、柔软，以及性能强、货源充足等特点。随着科技的发展，新工艺的研制，皮革的花色品种也在不断增多，为服装设计人员提供了更加广阔的设计空间。同时，随着设计理念与思维的改变，皮革产品的设计不再局限于单一的皮料，而是采用各种诸如拼接的设计方法，使设计的产品变得更加丰富，如不同材质的相拼、不同色彩的相拼等（图4-7）。

图4-7 各类不同皮质的拼接设计产品

2. 毛皮制品

毛皮自古以来都被人们当成珍贵的衣料。无论是什么造型的款式，都能散发出雍容华贵的绝代风采。早先，毛皮的设计大都依其原有的色泽，以纹路和线条的表现为主，充分展示材料本身所具有的自然美、原始美。随着加工工艺的不断完善，如今的毛皮可施以脱色、染色、植毛等新的技术，使毛皮衣服的款式造型、色彩等方面的设计都有了更大的空间。设计师在设计时，除了整件服装的造型都用贵重的毛皮作衣料以外，也可以发挥毛皮的局部作用。例如，简单的牛仔、皮衣款式袖子处拼接毛皮，整体款式显得时尚、个性、华贵。目前市面上使用较多的毛皮面料主要有貂毛、狐狸毛、貉子毛、羊毛、兔毛等，而用于皮草面料的工艺处理方式主要有皮革切割、开条编织、图案浮雕处理等，以增加视觉效果，满足消费者对细节的多方需求，给予更多搭配性的可能性，如图4-8所示。

图4-8　各种不同工艺处理的毛皮产品

第二节　女装面料与设计的关系

在女装设计过程中，面料是设计的前提和基础。无论是面料的物理性能还是外观肌理，都直接制约着女装的造型特征及产品实现。长期以来，面料的选择和运用已成为女装设计中的一个重要因素。特别是在现代女装设计中，用面料的性能和肌理来表现服装产品的风格已不少见。面料本身就有自己的风格特征，设计师在面料的选择及工艺的处理过程中，应保持自身对面料的敏感性，极力捕捉和观察面料自身所独有的内在特性，以最具表现力的处理方法，力求达到款式设计与面料的内在品质的协调、统一。

女装设计师从面料本身的性能及风格中寻求服装造型艺术的效果，在某种程度上取决于他对材料的理解和驾驭能力，这是设计师所必须具备的基本技能。女装设计是借助面料的加工制作来完成的。在设计创造的过程中，有时是因为见到一块漂亮的面料而启发灵感来进行设计创作；有时也会因为某一事物或某一事件灵感迸发，设计出一个好的方案，然后去选择适当的面料来加以烘托完善，这些都是设计产生的缘由。很难断言"是先有设计再找面料，还是先有面料再进行设计"，但不管这两者孰前孰后都应当认识到服装设计与面料有着不可分割的关系。例如，夸张廓型的款式，可选择挺括且骨感好的面料来表现，而女性飘逸的服装款式，可选择轻盈飘逸的薄料子，如雪纺面料等。因此，在女装设计过程中一定要根据服装的风格选择与其匹配的面料及款式。

一、光泽型面料与女装设计

光泽型面料表面有光泽耀目、富丽堂皇之感。面料光感随受光面的转移而变化，给人以流动变化的感觉。例如，丝绸光泽柔亮悦目，质地细腻优雅，感觉高贵华丽；皮革、涂层面料反光强，光感冷漠，有较强的视觉冲击力和时代感；人造丝等化纤长丝光泽反射极强，生硬冷漠不够柔和。光泽型面料表面光滑并能反射出亮光，有熠熠生辉之感。这类面料常用于夜礼服或舞台表演服设计之中，容易产生一种华丽耀眼的强烈视觉效果。光泽型面料在礼服或表演服中的造型自由度很广，既可进行简洁、大方的设计，也可进行复杂、夸张的造型，如图4-9所示。

图4-9　各种不同光泽型面料的设计应用

二、无光泽型面料与女装设计

无光泽面料表面粗糙、反光少，面料肌理感强，具有明显的纹理效果。由于材质表面粗糙，光呈散射或无射状态，色彩感相对较弱，纯度多为中纯度或低纯度，色彩表情沉稳、厚重，给人朴实、舒适的感觉。例如，棉布、皱纹布、粗织布、麻布、粗花呢、大衣呢、灯芯绒、拉绒布、海军呢、羊绒、女式呢等。这类面料因布面光泽较暗，反光作用小，因此在设计上可适当强化服装的结构及色彩变化，使服装更具层次变化感，如图4-10所示。

图4-10　各种不同无光泽型面料的设计应用

三、硬挺型面料与女装设计

硬挺型面料采用抗弯刚度大的纤维、纱线和组织，如麻纱线、捻线、交织点多的组织，高紧度织制，织物具有坚硬、挺括的风格，如皮革、麦尔登呢、麻布、生纺、尼龙纺、塔夫、防雨涂层布、帆布等。这类面料因挺括而不宜贴体，所以可增强体型的力度感，适合那些体态有缺陷的人或较瘦的人穿用。在女装设计过程中，可以充分利用这些面料的特性去塑造服装局部夸张的效果，以修饰女性身材、凸显服装的个性风格特征，如图4-11所示。

图4-11　各种不同硬挺型面料的设计应用

四、柔软型面料与女装设计

柔软型面料一般轻薄，悬垂性好，造型线条流畅而贴体，服装轮廓自然舒展，能柔顺地显现着装者的形体，服装线条可随人体运动而自由流动。例如，丝绸织物以及轻薄针织物都给人比较柔软舒适的感觉。柔软型的面料在设计上可匹配贴身穿着的款式或比较女性化、飘逸感强的款式，如图4-12所示。

图4-12　柔软型面料的设计应用

五、透明型面料与女装设计

透明型面料质薄而通透，能不同程度地展露形体，具有绮丽优雅、朦胧神秘的效果，如雪纺、乔其纱这类面料柔软飘逸，给人以优雅柔美、缥缈浪漫之感。而韩国纱、真丝绡这类面料轻薄硬挺，给人以前卫、现代、时髦的感觉。当然透明型的面料还有很多，如经编网眼织物、花边织物、蕾丝、PVC等面料都给人带来丰富的视觉感受，如图4-13所示。

六、厚重型面料与女装设计

厚重型面料质地厚实，有一定的体积感和分量感，能产生浑厚稳定的造型效果，如灯芯绒、大衣呢、制服呢、麦尔登呢、双面提花织物等制作的服装质地紧密、厚实，具有良好的保暖性与强度。厚重型面料主要有两种类型：其一是硬挺型的面料，厚重挺括，适合设计轮廓鲜明的服装，造型精确、线条清晰，如马裤呢、海军呢、麦尔登呢等；其二是蓬松型面料，有一定的体积感、毛绒感和扩张感，款式倾向于简洁宽松，轮廓多为H型、A型、O型，不宜采用过多开刀和褶裥，如粗花呢、大衣呢等厚形呢绒以及填充织物，如图4-14所示。

图4-13　各种不同透明型面料的设计应用

图4-14　各种不同厚重型面料的设计应用

七、弹性面料与女装设计

弹性面料主要有针织面料、高弹力机织面料。因为弹力面料具有良好的伸缩性和舒适性，在人们运动时能够有效地保护肌肉在伸展中的力量消耗，使得所穿服装与运动节奏保持同步，在保护身体表面的基础上，更大地发挥人类突破极限的能力。所以这类面料经常被用来设计一些运动休闲品类的服装。紧身合体型服装，在人们体态均匀的情况下具有修饰展示形体美的作用。而宽松型的服装，给人以一种休闲运动的感觉，同时也有掩饰身体缺陷的作用，如图4-15所示。

图4-15　各种不同弹性面料的设计应用

八、未来型面料与女装设计

未来型面料指的是环保、科技、功能及可再生型面料的总称。近两年，随着全球新冠肺炎疫情的全面暴发，人类处在"后疫情时代"下开始反思以往的生活方式，并更加提倡环保、可持续与回归自然。当下人们开始关注原材料的生态责任，注重面料的生物可降解性以及可循环性能，重新审视生产过程的每个阶段，从细微处降低对生态资源的破坏与影响。而功能性面料以及环保可再生的面料成为纺织行业炙手可热的宠儿。各大秀场上，设计师们往往在开发新材料上绞尽脑汁，以新型材料来寻找设计的创意，使人耳目一新，以表现自身作品的形式美感和独特的艺术风格。如图4-16所示，GUCCI × THE NORTH FACE联名系列中，经典"双G"图样交织满缀，还原GUCCI典藏印花图案，再现THE NORTH FACE 20世纪90年代经典风尚。着眼未来，采用可再生、可回收Econyl面料，搭配尼龙基层转移印花工艺，以繁多花朵诠释可持续前瞻，以户外机能风格演绎时尚美学，标识印花、几何图案、丛林元素交融，呈现兼具当代创新科技与经典复古元素的户外时尚装备。

图4-16　GUCCI×THE NORTH FACE联名系列

第三节　女装材料肌理表现手段

　　女装材料纷繁复杂，千变万化。尽管每一种材质都有自身的特点与魅力，但设计师始终会有一颗不安于现状的心，他们竭尽所能去挖掘女装材料更全面的性能，塑造更富有变化的肌理，满足消费者个性化、多样化的需求。女装材料肌理表现手段主要有破烂、镂空、编织、线迹装饰、绗缝、拼接、褶、堆积、复合、填充等众多形式。

一、破烂

　　破烂即对服装面料组织结构进行人为破坏处理的一种工艺手法。这种工艺随性、自然，变化多样，在女装产品设计中特别是牛仔类产品中广为应用。破烂工艺的具体表现形式主要包括破洞、磨损、撕裂、抽纱、穿孔、毛边外露等（图4-17、图4-18）。特别是牛仔面料组织紧密、结构稳定，对其破坏处理后，纱线不易脱落，特别适宜于破烂处理。

破烂

图4-17　破烂工艺处理效果

图4-18　多种破烂工艺形式的应用

二、镂空

镂空

（一）激光镂空

它是利用激光的高能量密度特性，照射到产品表面，将产品切穿并产生一定镂空图案的工艺手法。激光镂空工艺特别适合表达复杂的图案，精致细腻，加工效率

极高。激光镂空工艺广泛应用皮革、化纤类面料，但一般不太用于棉、麻、丝绸等天然材料，因为天然材料经其高温照射容易泛黄，而且织物的结构被破坏之后容易产生线头、甚至脱落。如图4-19所示。

（二）结构性镂空

结构性镂空是指根据造型设计的需要，直接在关键设计部位进行镂空处理，基本不会破坏面料内部的结构，镂空部位往往较大，相对较规整，在礼服设计中应用较多。如图4-20所示。

图4-19　激光镂空应用效果

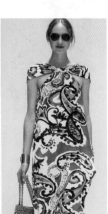

图4-20　结构性镂空应用效果

三、编织

　　编织是指以纺线或绳结等软性线型为材料，使用各种手工编织技法，或通过机器编织形成特殊肌理的效果。现代女装设计将手工编织和机械编织作为材料再造的方式，广泛地使用各种材料，通过色彩、材质、肌理以及构成方法的变化，营造良好的面料肌理效果，表现出女装产品较强的装饰感。特别是手工编织被广泛应用于高级定制服装作品之中。如图4-21所示，设计师采用手工编织工艺塑造羽绒服局部结构及图案，形成极度个性化的立体装饰效果。图4-22中进行机械编织，适合塑造紧密、微浮雕的肌理效果。

编织

图4-21　CHRISTOPHER RAXXY 2020秋冬手工编织系列作品

图4-22　机械编织肌理效果

四、线迹装饰

线迹装饰有手工线迹和机械线迹装饰两种。手工线迹装饰较多采用粗细不等的纱线或多股纱线并列缝制,凸显质朴、纯真的工匠精神,具有良好的装饰效果,特别是在机械化生产高度发达的今天,手工制品显得尤为可贵。机械线迹装饰一般会采用撞色纱线缝纫多条线迹,以获得鲜明的装饰特征(图4-23、图4-24)。

线迹装饰

图4-23 手工线迹装饰变化丰富、自然

图4-24 机械线迹装饰平整、顺直

五、绗缝

绗缝工艺源自美国乡村，它是将外层纺织物与内芯以并排直线或装饰图案式地缝合（包括缝编）起来，以增加美感与实用性的一种工艺手法。它是面料造型中制作简便、变化丰富的一种技法，线迹工整，立体感强，具有较好的装饰效果。

绗缝

绗缝可以分为手工绗缝和机械绗缝两种。手工绗缝在以前多用于棉被，现今在高定女装及拼布艺术中得以继承和发展；机械绗缝是以电脑绗缝机缝制各种丰富变化的线迹，如几何绗缝、花朵绗缝、字母绗缝、曲线绗缝等形式，在羽绒服、棉服及家纺产品中广泛应用（图4-25）。

图4-25　各种不同的绗缝形式

六、拼接

拼接是指将各种相同或不同成分、色彩、肌理、图案的零碎布片按一定方式进行拼合的一种艺术化表达手段。中国传统的用零布头缝缀起来的百家衣即是拼接的最好呈现方式。拼接不仅有效节约了资源，还可以使服装材料呈现丰富的视觉效果，在服装、家纺等领域深受设计师喜

拼接

爱。在国外，拼接工艺已经独立发展为一种"拼布艺术"，特别是在日韩及欧美国家已有大量的艺术家从事该项创作活动。近些年，国内设计师及消费者的环保理念逐渐增强，拼布相关协会及组织相继成立，拼布从业人员显著增加，拼布艺术也得到了较好的发展。如图4-26所示。

图4-26　ALEXANDER MCQUEEN 2021秋冬拼接系列设计作品

七、褶

　　褶是一种常用的女装面料处理工艺，它是通过一定的工艺手法将面料起皱、变形，使平面的材料变得立体，产生丰富的肌理效果，因此被广泛应用于女装立体造型（图4-27）。

　　根据制作手法差异将褶分为压褶、捏褶、抽褶等形式。

褶

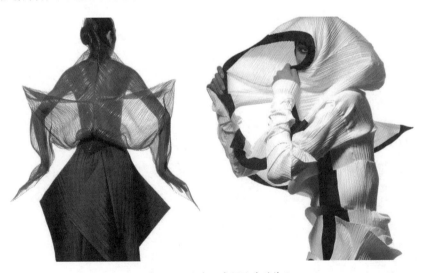

图4-27　山宅一生褶皱系列作品

（一）压褶（规律褶）

压褶是将面料夹在两层纸之间，通过手工或者压褶机器按预定的形式（如条形、菱形、不规则形等）压缩成型，再经高温定型的一种工艺手法。通过压褶工艺处理，服装面料可以产生极具变化的肌理效果。如图4-28所示，CENTRAL SAINT MARTINS 四套女装作品采用不同的压褶形式塑造出各式各样的肌理，使之成为系列女装设计的视觉中心。

压褶工艺适用于各种服装面料和裁片，但面料性能的差异会产生明显不同的视觉效果。如图4-29所示，左边的裙裤采用耐高温性强、定型效果好的化纤材料，经机器压褶之后形成统一、规律的肌理效果；右边的是苗族传统的百褶裙，采用耐高温性差、具有自然回复性、保形效果一般的天然纤维材料压褶而成，其褶皱的肌理效果较为自然、柔和。

图4-28　CENTRAL SAINT MARTINS 作品

（a）化纤材料　　　　　　（b）天然纤维材料

图4-29　不同材料压褶效果对比

（二）捏褶（半规律褶）

捏褶也称人工褶，它是指在面料上选择许多定点位置，按一定的规律将点捏合、固定，利用面料本身的骨感使点与点之间的面料产生自然起伏变化的立体效果。根据工艺的不同可以将捏褶划分为活动褶、固定褶等褶皱形式。

1.活褶

活褶的褶皱不完全固定，对松量有着很大的包容性，普遍运用在礼服中。如图4-30所示，不 对称的活动褶营造创意感十足的褶皱效果，褶量也同样具有包容性，可根据不同体型调整胸部或臀部的松紧程度，是具有实穿效果的工艺手段。

2. 固定褶

固定褶又称死褶，是指褶被完全固定而不能产生变化松量的褶皱形式。固定褶对松量没有包容性，只是为了营造各种富有变化装饰感的肌理效果而设计。如图4-31所示。

图4-30 活褶

图4-31 固定褶

（三）抽褶（自然褶）

抽褶是用线、松紧带或绳子等线性辅料将面料抽缩，产生自然、不规则褶皱效果的工艺手法，在女装设计中应用非常广泛，如泡泡袖、灯笼袖，腰部、腹部等的装饰处理就经常使用该工艺手法，如图4-32所示。

图4-32　抽褶

八、堆积

堆积是指将一种或多种不同材质叠加处理的工艺手法，它看似无序却最能体现材料的凹凸感、空间感以及体量感，形成变幻莫测的肌理与空间效果。通过材料堆积，既可以塑造服装款式的廓型特征，也可以表达精美的图案、细节效果（图4-33、图4-34）。

堆积

图4-33　通过面料堆积塑造款式廓型特征

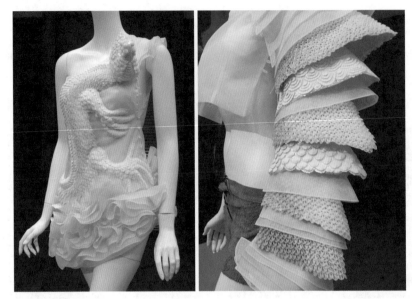

图4-34 通过面辅料堆积塑造精美的图案肌理效果（凌雅丽作品）

九、复合

复合是将两种（或多种）材料通过"复合"设备黏结或缝制在一起的工艺形式。它分为普通复合面料和功能复合面料。普通复合面料是将面料与里料（或另一种面料）通过黏结剂黏合而成，从而改善面料质感，适合工艺简化和规模化生产的服装；功能复合面料具有防水透湿、抗辐射、耐洗涤、抗磨损等特殊功能，适用于功能性服装（图4-35、图4-36）。

复合

图4-35 灯芯绒与羊羔毛复合

图4-36 针织面料经功能性复合后产生防水的效果

十、填充

填充是指在面料里层加入填充物，使面料表面凸起，增加面料厚实感、蓬松感或特殊肌理效果的一种工艺手法。一般以羽绒、棉花、弹力絮等轻软、蓬松物作为填充材料，也可以使用棉线或其他线性材料填充，以塑造特殊形体和丰富肌理的效果（图4-37）。

填充

图4-37　COMME DES GARCONS 2010秋冬作品

CHAPTER 05

应用理论与训练

第五章
女装设计方法

课程名称：女装设计方法

课程内容：准备工作及设计构思方法
女装常用设计方法

上课时数：8 课时

教学目的：深刻理解女装设计的各项准备工作，掌握女装设
计构思法和常用的设计方法，结合女装色彩、图
案和面料等知识，合理、有效开展各种设计方法
的实践应用。

教学方式：理论教学与案例分析相结合、线上教学与线下实
践相结合。

教学要求：1. 做好女装设计前期准备工作，厘清设计思路。
2. 掌握女装设计常用方法。

作为一名女装设计师，拥有敏锐的时尚嗅觉、广袤的涉猎、无限的创意和严谨的思维逻辑等都是非常必要的，同时掌握一定的设计方法也是不可或缺的。选择合理、有效的设计方法不仅可以实现设计效率事半功倍的效果，还有助于实现设计资源的最大化利用。本章将主要围绕女装设计方法展开讨论。

第一节　准备工作及设计构思方法

一、前期准备工作

（一）建立国际著名服装品牌档案库

根据服装品牌风格或个人喜好，搜罗国际著名服装设计师品牌，为每个设计师品牌建立独立的文件夹，然后搜集该品牌每季特色服装作品放置其中。这个过程有助于设计从业人员拓宽设计视野，养成良好的整理设计资源与素材的习惯（图5-1、图5-2）。

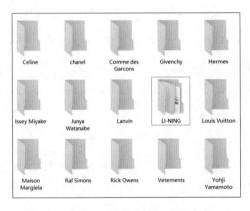

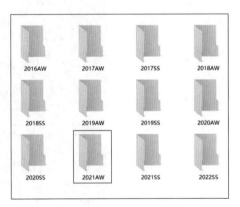

图5-1　建立国际著名服装品牌档案库　　　　图5-2　搜集每个品牌的每季特色服装作品

（二）归类、整理设计元素

为了更好地理解与掌握国际著名服装设计师品牌的作品风格和设计手法，准确把握流行趋势与设计元素，设计人员需对搜集的每季特色服装作品做进一步的归类、整合，按一定的分类手法将其分别放置于相应的文件夹中。例如，把服装按常规部位、工艺、装饰形式等划分为领口、门襟、下摆、口袋、大身、后背、胸部、腰部、袖子、图案、装饰细节、特殊工艺等部分，分别建立独立的文件夹，然后把当季特色作品按部位或工艺特点归类整理至对应的文件之中，以便后续设计创作时快速调取、参照。

如图5-3、图5-4所示，将近些年快速崛起的国潮品牌李宁（LI-NING）2021秋冬作品从工艺角度进行归类、整理分析，发现本季流行工艺主要包含具有东方文化特色的扎染、编织、拼接等手法，使设计人员快速有效掌握本季作品的工艺特色。

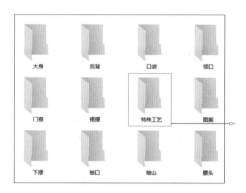

图5-3 归类、整理设计元素

图5-4 流行工艺——扎染、编织、拼接等

二、常用设计构思方法

（一）借鉴构思法

借鉴构思法即从女装市场中选取某些成功的产品进行分析，结合本品牌风格和未来流行发展规律进行再设计创作，以期获得符合品牌风格并且与下一季主题思想相融合的新款。这种构思方法几乎适用于品牌女装企业每年产品开发构成的任何一部分。

（1）对上一年卖得好的产品（爆款）进行创新与延续。

（2）对常年都卖得不错且款式变化不大的产品（经典款）进行色彩、材料、图案等元素的置换应用。

（3）对追求流行但适合品牌风格特点又容易被消费者接受的产品（时尚款）进行流行元素的借鉴应用。

（4）对适合品牌风格且非常时尚、生产不多但吸引消费者眼球的产品（形象款）进行创新与应用。

（二）仿生构思法

仿生构思法即效仿大自然中动物、植物等生物的造型、结构、肌理、色彩、图案等形象的一种构思方法。随着设计领域一体化趋势越来越明显，服装仿生设计的区域也在逐渐扩大，除了对自然生物等的仿生外，工业仿生、科技仿生、产品仿生等新奇的仿生方式也层出不穷。如图 5-5、图 5-6 所示，ALEXANDER MCQUEEN在 2010 春夏作品创作中采用色彩梦幻、造型各异的蛇皮、鲨鱼皮纹理进行仿生构思与创作，形成丰富的视觉变化效果；HUSSEIN CHALAYAN 在 2007 秋冬作品创作中采用科技仿生的构思方式创作了可以发光的服装作品，令人耳目一新。

图 5-5　ALEXANDER MCQUEEN 2010春夏作品

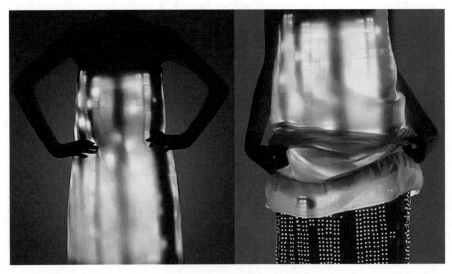

图 5-6　HUSSEIN CHAIAYAN 2007秋冬作品

（三）以问题为切入点的设计构思法

这是以问题的提出、说明、分析、案前资讯、设计构思和设计方案确定的一种设计构思法，即提出问题、说明问题、分析问题、案前资讯、设计构思、设计方案确定。

（四）以流行趋势为切入点的设计构思法

这是将各种流行要素融入品牌风格进行设计的一种构思方法，如图5-7所示，包括以服装造型的流行趋势为切入点的设计构思，以色彩的流行趋势为切入点的设计构思，以流行面料为切入点的设计构思，以流行图案为切入点的设计构思。以流行的设计细节为切入点的设计构思。

图5-7　GARETH PUGH 2016春夏作品

（五）逆向思维构思法

逆向思维构思法是指突破常规思维从相反或对立的角度看待事物，寻求异化和突变的设计构思方法。在女装设计中，逆向思维是一种能够进行大胆创新、带来革命性和颠覆性变化的思维方式，是在正向思维不能达到目的或不够理想时的一种积极尝试，它并不是一种完全的正与负的关系。在女装设计实践中，设计师往往可以运用逆向思维来突破常规思维无法解决的问题，所以凡是非正向或偏离正向思维的思维方式都可以统称为逆向思维。

具体来说，逆向思维构思法可以应用于设计风格、设计理念、设计方法、设计思路等方面，也可以运用到服饰搭配、女装造型、色彩搭配、面料组合等多方面。例如，男装与女装的逆向、前面与后面的逆向、上衣与下装的逆向、外衣与内衣的逆向等，如图5-8、图5-9所示。

图5-8　JEAN PAUL GAULTIER 2015春夏作品中凸显的内衣外穿设计思想

图5-9　明星与时尚达人演绎各种内衣外穿的服饰搭配

第二节 女装常用设计方法

女装设计品类丰富、风格千变万化。随着新材料、新工艺、新技术的不断涌现和获取流行资讯的途径变得更为便捷，设计师的工作充满了机遇和挑战。面对浩如烟海的设计资源和消费者对多元化产品的需求，设计师必须要具有足够的判断力、创新力，熟练掌握相应的设计方法，才能使自己立足于不败之地。下面将主要介绍八种女装常用的设计方法。

元素借鉴法

一、元素借鉴法

元素借鉴法是以某流行元素为表现重点，围绕其造型、结构、色彩、工艺等要素开展借鉴与延伸设计的方法。元素借鉴法主要是借鉴元素的表现形式、组合规律、工艺特点等，在元素基本特征或搭配形式不变的前提下，使女装设计由此及彼、巧妙灵活，在保留原有风格和细节特征的基础上，呈现新的艺术风貌。这种方法特别适合初级设计人员，在前人设计作品中汲取灵感与素材，有利于提高设计效率、设计水平，在女装成衣设计中广泛应用。

如图5-10所示，设计师从参照荷叶边元素的廓型、量态、重心、尺度、结构等方面进行借鉴与创新，收获丰富的变化效果。

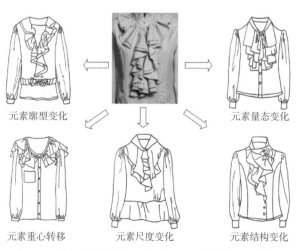

元素廓型变化　　　　　　　　　　　　　　　元素量态变化

元素重心转移　　　　元素尺度变化　　　　元素结构变化

图5-10　围绕荷叶边流行元素所展开的元素借鉴法设计应用

如图5-11所示，通过调研获知该产品为某中高档女装品牌的热销产品，主要采用植物花卉进行装饰，以水墨印花、手工绣花、机械亮片绣相结合的装饰手法，在胸部、领圈、后背等部位进行装饰处理，设计手法新颖、工艺复杂、成本高，富有创意。

如图5-12所示，这两个款式是基于图5-11的装饰图案特征，采用元素借鉴法而设计的产品。由于该产品主要面向中低档客户群体，生产数量较为庞大，因此在借鉴法应用过程中必须要考虑保留核心卖点的同时如何有效降低生产成本，使产品更适合于大批量化生产等问题。最后采用的设计对策是：保留植物花卉装饰图案元素和水墨印花工艺，改变植物花卉的排列组合关系，把手工绣花改为机械绣花工艺，缩小装饰图案的范围（去除后背部分）、改变装饰部位等，从而形成全新的视觉效果。

图5-11 某女装品牌的热销产品（局部）

图5-12 基于热销产品采用元素借鉴法而设计的产品

二、元素重复法

元素重复法是指采用相同的设计元素在一件产品或系列设计作品中多次、重复出现，形成强烈的节奏感、韵律感。这种设计元素可以是造型元素、结构元素、装饰元素、图案元素等元素中的一种，也可以是多种设计元素的交叉组合而进行的重复应用。其突出特点是设计手法简单，形式变化多样，视觉效果丰富，富于张力。如图5-13所示，日本著名服装设计师川玖保玲将装饰元素与造型元素进行反复组合与堆积应用，使重复之美在其作品中体现得淋漓尽致，形成极为夸张的装饰效果。元素重复法的表现形式多种多样，主要有以下几种形式：

元素重复法

（1）同形同色同质：即元素的造型、色彩、材质完全一致，形式高度统一，适合对造型简约的元素进行重复应用，形成秩序之美、韵律之美，如图5-14所示。

图5-13　COMME DES GARCONS 2012春夏作品

图5-14　同形同色同质的元素重复应用所产生的韵律之美

117

（2）同形异色同质：即元素的造型一致，色彩不一，材质相同。元素在统一中赋予一定的色彩变化，使产品更加有趣、生动，如图5-15所示。

（3）异形同色同质：即元素的造型各异，色彩统一，材质一致。如图5-16所示，每套作品中形态各异的造型元素经过重复组合应用，使每套服装作品变得更加生动、有趣。

图5-15　同形异色同质的元素重复应用所产生的变化之美

异形"点"元素　　　　异形"线"元素　　　　异形"面"元素　　　　异形"体"元素

图5-16　异形同色同质的元素重复应用使服装更加生动、有趣

（4）异形异色同质：元素的造型、色彩各异，材质统一，形成良好的装饰效果。如图5-17所示，异形、异色的几何元素重复拼接利用，形成丰富的视觉效果。

（5）同形异色异质：即元素的造型一致，色彩、材质各异。如图5-18所示，采用不同色彩和材质的织条元素进行简单的编织工艺处理，形成丰富的变化效果。

（6）异形异色异质：即元素的造型、色彩、材质各异。为了避免元素差异带来视觉上的混乱，设计师往往需要协调元素的形、色、质之间的关系，通过对元素在数量上、形式上的不断重复，形成良好的秩序感，如图5-19所示。

图5-17　异形异色同质的元素重复应用使服装更富有变化

图5-18　同形异色异质的元素重复应用使服装作品变化效果更加明显

图5-19　异形异色异质的元素重复应用使服装作品更具艺术感染力

三、同形异构法

即利用同一外形进行不同的内部线条处理，形成新的款式特征。需要注意的是运用时要充分把握款式的结构特征，使线条处理合理、有序，使之与整体外形协调一致。这种设计法特别适用于款式变化幅度不是特别大的女装品类，如毛衫、休闲西装、夹克等。设计应用时不能被"同形"所束缚，要充分利用内部结构"异构"变化需要去突破外部轮廓的局部细节，通过加法、减法或假两件等形式，使款式内部结构的变化与轮廓的突破相得益彰，形成多种变化的可能（图5-20、图5-21）。

图5-20　同形异构法在毛衫产品中的应用

图5-21　同形异构法在棉服产品设计中的应用（学生课堂实践作业）

四、元素置换法

元素置换法指对同一类型或相似类型的款式系列进行色彩、面料、图案等元素的置换，从而形成新设计的方法。在女装成衣设计中，有时候只需要改变色彩、面料、图案等元素中的一种或多种元素便可令原作品产生截然不同的视觉效果。这种方法常用于某些经典产品，款式不变而色彩、面料质感常常在变，有稳中求胜的特点。需要注意的是置换元素时要仔细分析原作品的风格、特点以及面对的客户群体，不能简单、盲目置换元素，否则可能会使置换后的作品显得格格不入。

如图5-22所示，学生在课堂实践中对绿色系列作品的色彩、图案元素进行了置换，以蓝色、橘色代替原来的绿色、白色，用东方传统图案代替原来的字母、人像图案，形成了截然不同的系列作品效果。

图5-22 元素置换法应用（学生课堂实践作业）

五、元素加法和减法

元素加法和减法指通过增加或减少原有服装设计元素，使其产生视觉上的量感增加或减少的变化。从形式上看，加减法是似乎是某些部件和构成的加加减减，但它是依据一定的设计规律和流行趋势而做的。在崇尚简洁的时代，设计师经常做减法设计，在追求繁华的年代则做加法设计。

（一）元素加法设计

元素加法设计主要是指通过元素的拼贴、叠加、重复、褶皱、刺绣、抽缝等手法，添加相同或不同的要素，从而达到目的的设计方法。

元素加法设计容易使初级设计人员偏离设计初衷，总想通过不断地添加各种元素来丰富服装的每个局部、表达自己的创意，而忘却了作品服务对象的真实需求。因此，加法设计不能使作品的主次关系颠倒，要始终牢记元素添加的合理性与必要性。如图5-23所示，为了迎合消费者追求个性创新的需求，设计师通过加法设计思想，将叠加结构、混搭材质和叠穿法则表现得淋漓尽致，丰富服装量感的同时增加了整体的层次错落感。

图5-23　SACAI 2019秋冬作品加法设计思想的体现

（二）元素减法设计

减法设计主要是指通过元素的减少、削弱等手法以实现简约化设计的方法。它可以使用化学或物理的方法，通过镂空、剪切、抽纱、撕扯、烂花、磨刮、拉毛边等手段破坏材质的表面效果，使其重量减轻，更加柔和，并具有不完整和无规律性。"减法"是一种运用否定的态度，把设计意识中不明确或多余的元素删除的设计方法。如图5-24所示，设计师通过镂空的结构、单一的色彩和材质、简明的线条等方式凸显减法设计的无限魅力。

图5-24　元素减法设计

六、嫁接法

嫁接法是植物人工繁殖的方法之一。即把一株植物的枝或芽，嫁接到另一株植物的茎或根上，使接在一起的两个部分长成一个完整的植株。女装设计的嫁接法与植物嫁接法的原理基本一致，即打破品类与品类、款式与款式之间的界限，把不同品类的款式、细节嫁接到另一品类的款式之上，形成新的品类或者款式，再稍加处理就能收获全新的产品。

如图5-25、图5-26所示，如果分别将第一套女装上半部分移植嫁接到第二套女装的上半部分，即形成第三套女装的大致效果，再经过图案、色彩设计及局部微调之后，便形成全新的女装款式效果。需要注意的是嫁接法不能只是简单地移植、嫁接处理，而要深入分析款式、造型的特征，寻求巧妙的接合关系，凸显意料之外、情理之中的嫁接效果。

图5-25 嫁接法应用Ⅰ

图5-26 嫁接法应用Ⅱ

在系列设计中，嫁接法独具艺术魅力，对设计初期阶段具有较强的指导意义。如图5-27所示，通过移植、嫁接多套女装的款式、造型、结构、材料、肌理等元素，快速、有效达成系列化女装设计作品。在此基础上，设计师可再结合设计主题要求，利用元素置换法、元素加减法等设计方法的综合应用，实现全新系列作品的设计应用。

七、解构法

从字源学理解，"解"字意为"解开、分解、拆卸"，"构"字则为"结构、构成"之意。"解构"则引申为"分解之后再构成"。所以，解构法指的是对现有完整事物

图5-27　嫁接法在女装系列设计中的应用（学生课堂实践作业）

进行有意识地破坏、分解，从中寻找并发现新的特征或意义，或者将破坏后的事物重组成新事物的一种方法。在运用解构法设计时可以选择一种或几种不同素材，在此基础上拆解或打破原有的素材形态，在某个设计主题中组合变化为一个有机的整体，创造出新的设计形象。

　　如图5-28所示，川玖保玲是解构主义风格的代表性设计师之一，她通过解构、错位、重组、扭曲、残缺等手法塑造服装新形态，极大地冲击西方时尚界构建的曲线美感主流审美取向，使东方时尚慢慢被西方乃至国际主流审美所接受、追捧。

　　值得注意的是解构不是乱来，不能为了标新立异而破坏服装的基本结构和美感。不能为了解构而解构，进行刻板机械的设计组合。组合也并不是将所有的素材元素进行堆砌，而是利用素材的精华要素，根据设计主题的需要，巧妙地进行拆解组合，只有这样才能达到出奇制胜的设计效果。解构法具有一定的章法可循，具体来说可以从如下几方面开展应用（图5-29~图5-32）。

　　（1）从内部结构的角度对服装进行拆解与重组，使用错位、移位、变形、残缺、外漏等手段对服装的结构进行改变，从而形成全新的形象。

（2）从外部形态和零部件角度对拆解的不同部位做素材的转换，如把腰头部位转换到领口部位，从而达到耳目一新的效果。

（3）从色彩搭配的无序、面料的随意拼拢、矛盾的造型设计等角度进行设计与组合。

图5-28　COMME DES GARCONS 2010春夏作品

图5-29　JUNYA WATANABE 2020春夏作品采用扭曲、错位、转换的解构法设计

图5-30　MAISON MARGIELA 2020秋冬作品采用混搭的色彩、材料和移植结构的设计

图5-31　MAISON MARGIELA 2020春夏作品采用残缺、毛边和结构外漏的解构法设计

图5-32　MAISON MARGIELA 2018秋冬作品采用不同材质、不同颜色的面料拼接及解构重组的设计

八、夸张法

夸张法是把事物的状态和特性夸大或缩小到常人无法预料或接受程度的一种设计方法。这种方法在设计和艺术界都较为常见，是一种化平淡为神奇的方法。在女装设计中，夸张法的形式多样，既可以对造型、色彩、材质等单个元素的夸张处理，也可以对多个元素的组合夸张处理。例如，对造型元素的位置高低、长短、轻重、粗细、厚薄、软硬等多方面进行造型极限的夸张。

总之，夸张法就是利用素材特点，通过艺术的夸张手法使原有的形态变化，使设计符合设计主题的定位，同时也达到一种形式美的效果。当然，夸张也需要一个尺度，一般根据设计目的来决定夸张的程度。例如，在前卫风格的女装设计中，夸张的范围就比较广、幅度比较大（图5-33～图5-35）。

图5-33　MOSCHINO 2020秋冬作品采用夸张的廓型、局部造型和发型塑造品牌的特色

图5-34　ICEBERG 2020春夏作品采用夸张的色彩和图案塑造品牌的个性

图 5-35　RICK OWENS 2021秋冬作品采用夸张的结构和廓型塑造前卫的作品风格

应用理论与训练

第六章
女装系列设计

课程名称：女装系列设计

课程内容：女装系列设计概述

　　　　　女装系列设计创意灵感

　　　　　女装系列设计方法

　　　　　女装系列设计作品赏析

上课时数：14 课时

教学目的：通过女装系列设计的教学与实践，让学生学会从
　　　　　各种不同的视角汲取设计灵感和素材，开展多种
　　　　　形式的系列化设计，并能应用于学科竞赛及品牌
　　　　　产品开发的实践之中。

教学方式：理论教学与实践应用相结合、线上教学与线下实
　　　　　践相结合。

教学要求：1. 分析女装系列设计的重要价值及意义。

　　　　　2. 把握女装系列设计的创意灵感源泉。

　　　　　3. 加强女装系列设计方法的实践练习。

第一节 女装系列设计概述

女装系列设计是指女装成套、成组的设计，是把单品女装的核心设计元素展开为系列化构思的设计过程，实现女装作品与作品之间统一之中有变化、变化之中有统一。系列化已经成为品牌女装设计的必然要求，无论是高级女装、大众女装，还是创意女装都强调系列化的设计。一般包括品种系列、季节系列、款式系列、色彩系列、用途系列和面料系列等。

女装系列设计
概述

一、女装系列设计的概念

女装系列设计是指在一组女装设计作品中至少有一种共同或相似的设计元素，并以该元素为核心设计点展开系列化构思与设计，使女装作品表现出秩序性与和谐的美感特征。

二、女装系列设计作品的特点

（1）系列设计的作品具有统一、鲜明的风格特征。
（2）在整个风格系列中，每套服装各有独自特点。
（3）系列设计作品往往具有相同或相近的设计元素，且多数量、多件套的系列化作品或产品。
（4）设计元素组合应用时具有次序性与和谐的美感特征（图6-1）。

三、女装系列设计作品的评价标准

（1）从造型上看，其基本形的风格是否贯穿整个系列之中；看系列作品应用要素是否有逻辑性、连贯性和延续性。
（2）从色彩逻辑上看，单套颜色的运用和系列配色组合是否体现出一组主色调的色彩效果，在系列的每一个款式之中应有节奏的变化。

图6-1 SIMONE ROCHA 2021秋冬系列设计作品

（3）从装饰配件关系上看，其纹样和服饰品在装饰的变化中是否为系列作品添枝加叶，烘托出服装欲表达的意境氛围。

（4）从面料质感与造型的关系上看，其材料的表现和材料的肌理特性是否给款式造型注入了活力，并形成整体协调而又有局部变化的系列构思。

（5）从服装分割线的性质和缝制工艺手法上看，其系列作品的设计手法是否表现为统一的风格等。

四、系列设计的意义

（1）系列设计作品款式多，选择余地大，满足各种消费者的不同需求。
（2）表达视角广，展示系列服装的多层次内涵。
（3）产品特征统一，视觉冲击力强，有力凸显品牌形象。
（4）系列要素特色鲜明，便于终端陈列，传递品牌文化理念（图6-2）。

图6-2　BURBERRY 2020秋冬女装系列设计作品

第二节　女装系列设计创意灵感

　　女装系列设计创意是一项较为复杂的系统性工程，一般需要借助一定的灵感激发才能创作富有特色的作品。寻找合适的灵感源不仅有

女装系列设计
创意灵感

利于凸显作品个性，还能使女装系列设计创意达到事半功倍的效果，设计师可以从以下各方面汲取灵感素材。

一、从历史积淀或行业传统中汲取灵感素材

历史积淀蕴藏着丰富的传统文化元素，是设计师快速获取灵感素材的有效途径之一。例如，传统艺术、传统服饰样式、传统手工艺制品等都能给设计师带来丰富的想象。ALEXANDER MCQUEEN品牌设计师团队在威尔士研学之旅时，从威尔士国家博物馆中由詹姆斯·威廉姆斯（James Williams）制作的纫缝（拼布）服饰作品（图6-3）中获得创意灵感。这款手工缝制作品于1842年完成，由四千五百多块来自工厂样品本、西服和军服上取下来的再生法兰绒饰片拼接而成，具有极强的工艺美感特征。ALEXANDER MCQUEEN 2020秋冬系列作品即从该手工缝制作品中汲取创意灵感，图6-4中的两套作品均由千余块英国精纺毛绒和再生法兰绒补丁通过机器拼接而成，其中鸽子、豹、马等象征性图案均由手工刺绣（贴布绣）的方式完成，体现出较强的绿色、环保、可再生的设计理念，把传统手工艺与现代女装系列作品完美融合。

图6-3　James Williams 的拼布作品　　　图6-4　ALEXANDER MCQUEEN 2020秋冬作品

二、从自然景观中寻找设计灵感

大自然孕育了无数千奇百态的物种和壮丽奇观，它们造型各异、色彩瑰丽、肌

理多变，浑然天成，为设计师提供了广阔的设计视角。设计师可以从自然景观的造型、色彩、肌理等众多方面汲取灵感素材创作系列化作品。如图6-5所示，设计师从花草、雪山景观中获得灵感启发而设计的服装作品贴近自然、栩栩如生。

图6-5　基于花草和雪山景观的仿生设计

三、从姊妹艺术中汲取灵感素材

艺术与设计是可以相通、相融的，作为姊妹艺术的绘画、雕塑、音乐、电影、舞蹈等都蕴含着丰富的艺术语言与艺术形式，可以为女装设计带来新的设计理念和更加多元化的创作灵感素材。作为女装设计师，应通过各种途径了解姊妹艺术，借助其丰富的内涵挖掘灵感素材，将其转化为适合表达女装设计的要素。

如图6-6所示，著名服装设计师伊夫·圣罗兰（Yves Saint Laurent）从蒙德里安的绘画作品中汲取图案和色彩元素创作的连衣裙（蒙德里安裙）极富形式美感，深受消费者青睐；如图6-7所示，维果·罗夫（Viktor & Rolf）创作的高级定制作品实现油画艺术作品和服装作品之间自由切换，极具装置艺术感。

图6-6　蒙德里安绘画作品为伊夫·圣罗兰的设计创作提供图案和色彩元素

图6-7　维果·罗夫高定作品实现油画和服装作品之间自由切换

四、从目标品牌中汲取灵感素材

目标品牌不仅是竞争对手，也是设计师成长与提升的阶梯。透过目标品牌的产品，设计师可以从其色彩、造型、材质、工艺等特色方面获得许多灵感启发，并经改良或重新演绎，从而更好地应用于自我品牌的系列设计产品之中。如图6-8所示，某女装品牌从目标品牌的街拍女装中汲取色彩和材质元素，并对其款式、廓型进行适当修改和调整，从而收获全新的产品。

图6-8　某女装品牌从目标品牌街拍服饰中汲取灵感素材重新演绎新产品

五、从科技成果中汲取灵感素材

科技的进步推动社会发展和经济腾飞，新材料、新工艺、新技术不断涌现，女性的生活方式和消费观念也发生翻天覆地的变化。设计师可以从科技成果中汲取大量的灵感素材，挖掘新材料、新工艺、新技术，应用于女装系列设计之中。如图6-9所示，将科技元素与机能元素融合并植入女装整体或局部设计之中，实现模特身体的温度与湿度可调节的机能与Dior设计美学的完美融合，丰富了DIOR的产品形态。

六、从跨界品牌产品中获得灵感

跨界之于设计即打破学科、专业的边界，形成互通互融的新局面。在服装设计领域，跨界已经成为当下主流的做法，众多服装品牌都热衷于寻求跨界品牌的合作，以期获得全新的产品效果。如图6-10、图6-11所示，两套女装产品分别从跨界品牌产品（可口可乐和老干妈辣椒酱）中汲取色彩和图案等元素，塑造全新的产品视觉效果。

图6-9　CHRISTIAN DIOR 2022秋冬作品

图6-10　可口可乐跨界服装产品

图6-11　老干妈跨界服装产品

第三节　女装系列设计方法

一、主题主导系列设计法

主题主导系列设计法是指围绕突出主题特征的各类元素所展开的系列化构思。主题是系列女装设计的核心，设计师在主题的引领下开展创意构思，产生系列化的设计方案。

主题主导系列
设计法

如图6-12所示，设计师紧紧围绕工业风主题，以解构的手法，采用废弃的饮料罐、零食外包装袋、扑克牌等工业化、生活化元素装饰服装表面，以此表现工业风的主题。

除了主题元素表达之外，设计师还可以利用一切辅助手段来烘托主题，如场景、灯光、音乐、舞台、编排等。如图6-13所示，嘉兴学院应用技术学院2018届服装毕业设计舞台即以废弃的集装箱、马路、轮胎、油桶等道具凸显工业风主题场景特色。

图6-12　工业风主题主导系列设计作品

图6-13　嘉兴学院2018届服装毕业设计工业风主题场景设计

二、廓型主导系列设计法

廓型主导系列设计法是指重点围绕廓型而展开系列化女装创作的一种方法。廓型作为服装外在直观的视觉要素，容易产生强烈的视觉冲击力，尤其是特征鲜明而又夸张的廓型（如方正的H型、T型以及特殊形态的轮廓）特别容易让人过目不忘，留下深刻的视觉印象。如图6-14所

廓型主导系列
设计法

示，川玖保玲女装系列设计作品采用夸张、不规则的廓型塑造极富体块感、厚重感的作品特色，给人留下深刻的印象。

图6-14　川玖保玲2018秋冬廓型主导系列设计作品

三、结构主导系列设计法

结构主导系列设计法是指重点围绕服装结构线而展开系列化女装创作的一种方法。结构线是表达服装造型的重要手段，在结构主导系列设计法中，设计师可以通过装饰性结构线或功能性结构线来表达系列作品。

结构主导系列
设计法

如图6-15所示，日本著名服装设计师渡边淳弥以结构线设计为主导，综合运

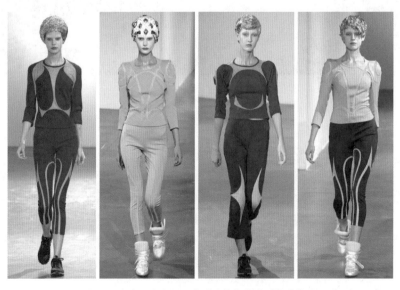

图6-15　渡边淳弥2013春夏结构主导系列设计作品

用大量的装饰性结构线与功能性结构线，塑造独特的服饰风格；如图6-16所示，世界著名服装设计师山本耀司以非对称的结构设计为主导，通过丰富的结构变化设计塑造错落有致、特色鲜明的个人风格。

图6-16 山本耀司2019秋冬结构主导系列设计作品

四、细节主导系列设计法

细节主导系列设计法是指在女装设计中把某些局部细节（如流苏、花边、绑带）或零部件（如领子、口袋）作为重点的统一性元素，来关联系列中多套女装的设计方法。作为主导的细节元素必须要有足够的代表性和显示度，能够压住其他的设计元素成为系列设计的重点。

细节主导系列
设计法

如图6-17所示，渡边淳弥以流苏元素作为设计主导，通过层叠、悬挂、编织、打结等工艺手段，配以凌乱不堪的麻花辫和帅气的铆钉鞋，塑造了极具异域风情的混搭风格。如图6-18所示。英国鬼才设计师Craig Green以绑带元素为主导细节，配以解构的工艺手段使系列作品独具魅力。

图6-17 渡边淳弥2014春夏细节主导系列设计作品

图6-18 Craig Green 2016秋冬细节主导系列设计作品

五、色彩主导系列设计法

色彩主导系列设计法是女装系列设计中最常用的手法之一。色彩是
女装外在第一视觉要素，能快速引起观者的注意，留下鲜明的印象。色
彩主导系列设计法形式多种多样，既可以在服装面料上进行色彩穿插或

色彩主导系列
设计法

呼应，使视觉效果更加丰富多彩，也可以通过某种色彩的强调，形成亮点与特色。

如图6-19所示，意大利一线时装品牌ICEBERG（冰山）系列作品即以强对比的色彩（包括图案的色彩）使作品形象突出，特色鲜明。如图6-20所示。意大利著名时装品牌、针织品典范MISSONI（米索尼）以鲜亮、充满想象的色彩搭配辅以几何抽象图案及多彩线条的形式，使其作品不仅仅为时装作品，更像一件件艺术品，永不过时。

图6-19 ICEBERG 2019春夏色彩主导系列设计作品

图6-20 MISSONI 2016早秋色彩主导系列设计作品

六、面料主导系列设计法

面料主导系列设计法是指重点利用面料的性能、肌理、质感等特征表现系列感的设计方法。女装的风格受面料特征的影响尤为突出,在系列女装设计过程中往往要确立一到两种主打面料,避免多种特征差异明显的面料同时出现,以免作品风格混乱,难以形成系列感。

面料主导系列
设计法

如图6-21、图6-22所示,英国新锐设计师加勒斯·普(Gareth Pugh)以面料设计为主导,采用连续性的嵌条塑造"搓衣板"式的特殊肌理,或采用色泽与质感并存的特殊材料关联各套作品,极大增强作品的艺术感染力。

图6-21 设计师 Gareth Pugh 2008秋冬面料主导系列设计作品

图6-22 设计师 Gareth Pugh 2017春夏面料主导系列设计作品

七、图案主导系列设计法

图案主导系列设计法是指重点围绕图案而展开系列化女装创作的一种方法。即图案是女装系列设计中最为突出、最为重要的视觉要素，在系列设计过程中起到主导性的作用，而其他诸如女装的造型、款式、结构等设计要素往往比较简约、内敛，以衬托图案的突出地位，使图案成为贯穿女装系列的焦点。

图案主导系列
设计法

如图6-23所示，英国著名品牌巴宝莉（BURBERRY）采用各式各样的格纹图案塑造品牌极具辨识度的经典特色。如图6-24所示。美国著名设计师杰瑞米·斯科特（Jeremy Scott）以大量字母图案印花和亮片绣花的手段塑造女装系列设计的特色，形成以图案为主导的系列化特色作品。

图6-23　BURBERRY 2018春夏图案主导系列设计作品

图6-24　设计师Jeremy Scott 2019秋冬图案主导系列设计作品

八、工艺主导系列设计法

工艺主导系列设计法是指采用特色鲜明的工艺作为表达重点将服装系列有效关联的方法。工艺是塑造女装系列设计特色的重要手段之一，常见的工艺有印、绣、染、编织、镂空、纫缝、拼接、缉线、饰边等形式。

工艺主导系列
设计法

如图6-25所示，芬迪（FENDI）采用切割与喷漆工艺为主导，将四套作品有效关联的同时各具特色，实现工艺主导的系列化设计。如图6-26所示。本土羽绒服高端品牌克里斯朵夫·瑞希（CHRISTOPHER RAXXU）以极具工匠精神的工艺手法创新塑造羽绒服的麒麟纹和长城纹，巧妙、生动地表达"长城"主题系列，独树一帜地把羽绒服带进全新的时装品类之中，形成鲜明的个性风格特征。

图6-25　FENDI 2015春夏工艺主导系列设计作品

图6-26　CHRISTOPHER RAXXY 2021秋冬工艺主导系列设计作品

九、服饰品主导系列设计法

服饰品主导系列设计法是指重点围绕服饰品展开系列化创作的一种方法。因此，服饰品的造型往往比较夸张，特征鲜明，在设计处理中区别于常规的点缀装饰，而是在系列女装风格中起到点睛或者决定性的作用。

服饰品主导系列设计法

如图6-27所示，CHRISTIAN DIOR系列作品以夸张且极具异域风情的腰饰和头饰将四套色彩、款式差异显著的女装作品有效关联，形成统一的视觉效果，塑造极强的系列感。如图6-28所示，VIKTOR & ROLF系列作品以夸张、怪诞的头饰作为点睛之笔，塑造女装系列作品独树一帜的风格，让人过目不忘。

女装系列设计方法多种多样，在设计实践过程中应结合品牌的具体需求灵活处理。每一种系列设计方法不仅可以独立运用，也可以两种或多种方法交叉应用，但应尽量突出其中一种方法的主导作用。除此之外，开展系列设计方法的应用需要大量设计素材的前期积累，建议在日常工作与学习中注重设计素材的搜集与分类处理。

图6-27　CHRISTIAN DIOR 2009秋冬饰品主导系列设计作品

图6-28 VIKTOR & ROLF 2017秋冬饰品主导系列设计作品

第四节 女装系列设计作品赏析

如图6-29所示，该系列作品取名"相由心生"，"相"音同"象"，故作者以"象"的图案和肌理为表达重点，通过水彩淡墨的艺术手段赋予"象"以清新淡雅、虚实有度的生动形象，较好地表现现代女性柔美、青春而不失稳重的个性。

图6-29 郑芳芳系列设计作品

如图6-30所示，该作品以"中国红"色彩为主导贯穿系列设计始终，以极少的对比色作为点缀，整体色彩高度统一，使变化丰富的款式在色彩的统一下和谐共生，极具系列感。

如图6-31所示，该作品重点围绕羽绒服蓬松的特性展开设计，将廓型夸张处理，使人体与服装之间保持较大的空间距离，吻合时下流行的"人在衣中晃，越晃越时尚"的穿衣理念。

图6-30　张艺露系列设计作品

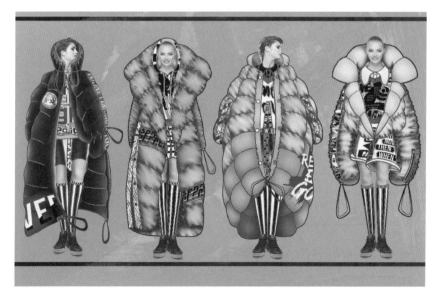

图6-31　汤沈芸系列设计作品

如图6-32所示，该作品以面料肌理和图案为主导，采用编织和印花手段对多种不同黑白灰的面料进行组合应用，突出面料肌理与图案对系列作品的装饰作用，塑造经典与复古、诙谐与生动的作品形象。

如图6-33所示，该系列作品设计灵感来源于《功夫熊猫》电影主人公"阿宝"的形象，采用圆润的廓型、层叠的结构穿搭、厚重而深沉的色彩，以熊猫玩偶、链条、宽檐帽等较为夸张的装饰配件塑造神秘而又洒脱的侠客形象。

图6-32　吴易蔚系列设计作品

图6-33　方昊系列设计作品

如图6-34所示，该系列作品灵感来源于梅、兰、竹、菊"四君子"，作者力图将"四君子"的形象及品质内化于系列作品之中，采用雪纺、毛呢、针织等不同性能的面料，以丰富的结构搭配黑白灰色系，辅以蝴蝶结、飘带等灵动的细节装饰，塑造"四君子"高雅、自由、坚韧、独立的气质。

图6-34　楼天婵系列设计作品

如图6-35、图6-36所示，该系列设计作品摒弃夸张的廓型、复杂的结构设计，试图将设计焦点转向女装内在品质及细节等方面的塑造。设计师着重选用字母绣花、图案印花、线迹装饰、面料染色、水洗、复合等多种工艺手段，塑造系列作品极高的品质感。该作品在参加2018中国·平湖服装设计大赛总决赛时一举夺得金奖。

图6-35　邹颖颖系列女装设计作品

图6-36 邹颖颖系列女装设计作品（服装成品）

CHAPTER

07

第七章

女装产品设计

应用理论与训练

课程名称：女装产品设计

课程内容：女装市场与流行

消费人群和产品定位

产品设计主题提案

产品设计主题规划

主题化女装产品设计

上课时数：24课时

教学目的：通过女装产品设计的教学，让学生了解女装市场与
流行之间的关系；理解不同消费人群和产品定位之
间的内在逻辑；掌握产品设计主题提案和规划的要
领，为女装产品设计与实践奠定良好的基础。

教学方式：理论教学与实践应用相结合。

教学要求：1. 分析女装市场和流行之间的关系。

2. 掌握消费人群和产品定位的内在逻辑。

3. 开展产品设计主题提案、主题规划的实践练习。

4. 模拟开展主题化女装产品设计。

第一节　女装市场与流行

一、女装市场调研

女装市场调研是以科学的方法收集女装市场的相关资料，并运用统计分析的方法对所收集的资料进行分析研究，发现市场机会，为企业管理者提供决策所必需的信息依据的过程。在女装产品同质化现象日趋严重和消费者对个性化产品需求日益旺盛的大背景下，科学开展市场调研，挖掘消费者的潜在需求，开拓新产品、把握新市场机会显得更加迫切和必要。

（一）调研内容

调研内容一般包含市场环境、市场需求、产品因素、竞争对手、市场销售等因素，受篇幅所限，本节仅讨论竞争对手及竞争产品等相关内容。

1. 竞争对手调查

即竞争对手的数量与本企业产品的特性比较，竞争对手的产品市场占有率，单一品种销售额比例，竞争对手的市场竞争策略和手段，是优质取胜、低价取胜，还是服务取胜，竞争对手的市场营销组合策略，潜在竞争中对手出现的可能性等。

2. 竞争产品调查

即围绕竞争对于品牌的产品开展相关的调查工作。例如，产品的风格定位是前卫还是经典的，产品的品类是多元的还是较为单一的，产品的质量是上乘的还是一般的，产品的价格是高昂的还是低廉的。当然也要更加细化、精准地调查产品的款式、面料、图案、色彩、规格、包装、成本等方面的特点，其目的就是全面掌握竞争对手的产品优势、劣势，为自己企业的产品定位提供科学的依据。

（二）调研方法

1. 观察法

通过观察和调研项目相关的人、行为和情况来收集原始数据的方法。例如，在竞争对手品牌门店前观察、记录某些服装品类的售卖情况。

2. 问卷调查法

问卷是指为统计和调查所用的、以设问的方式表述问题的表格。问卷调查法是指通过结构化的问卷向目标人群了解有关服装信息的方法，是企业进行实地调查、搜集第一手市场资料的最基本的工具。通过在线软件设计问卷，可以较方便、快速获得相关数据。

3. 实验法

实验法是指在既定条件下，通过实验对比，对市场现象中某些变量之间的因果关系及其发展变化过程加以观察分析的一种调查方法。

4. 文献调研

文献调研通过内部和外部两个途径收集现有的各种信息、情报资料。内部如通过收集企业简报、销售报表、调研报告、顾客意见等获取有用信息；外部如通过相关的书籍杂志、权威研究机构、各种服饰博览会、学术交流会及互联网获取更为高端的信息资料。

（三）调研的具体步骤

市场调研的五个有效步骤分别是确定调研目标、信息来源、收集信息、分析信息、提出结论等。按阶段可分为调查准备阶段、正式调查阶段、处理结果阶段。

（1）调查准备阶段：即确定调研目标、初步情况分析、制订调研计划以及非正式调研等。

（2）正式调查阶段：即确定资料来源和方法、问卷调查表设计、抽样调查、现场实地调查等。

（3）处理结果阶段：即对资料的整理分析、编写调研报告。

二、女装流行信息

（一）流行概念

"流行"又称时尚，是指在某一时期内、某一群体中大多数成员所采用的款式和行为模式。流行具有时间性和空间性。流行时间可能很长，也可能很短，流行的范围可能很广，也可能很窄，主要取决于流行的影响因素。"流行"在服装上表现时间的长短可以分为经典服装、时髦时装、流行服装三种不同形态，如图7-1所示。

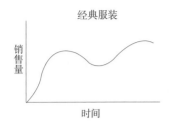
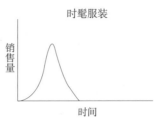
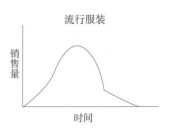

图7-1 三种不同服装的流行形态

经典服装：流行时间非常长、销量相对稳定；款式经典、简洁。

时髦服装：快速出现并消亡；销量大起大落；款式简单、易于复制。

流行服装：流行周期较长；销量起伏温和；款式大众化，接受度较高。

（二）影响服装流行的因素

1. 政治因素

政治层面的因素是导致服装流行的外界因素，它对人们的生活理念与行为规范等方面有着直接的影响，推动着人们穿着形式与穿着心理的平衡。例如，"一战"和"二战"对服装流行产生非常深远的影响，"二战"后的女性渴望因战争而失去的女性美回归，流行起"new look"服饰形象。又如，2001年上海APEC峰会上各国领导人穿着中式对襟唐装出席活动，随后在全球掀起一股唐装热的风潮。

2. 经济因素

经济因素对服装流行的影响最为直观，它对一个款式能否在社会流行起来起到至关重要的作用。首先需要具备的便是社会能够有足够的能力提供款式所需的材料，其次是人们有足够的消费能力与时间，只有这样才有可能促使该款式在社会流行起来。随着经济水平的发展，人们的消费能力不断提升，服装流行变化的节奏越来越快，复古风、科技风、田园风等各种服饰风格百花齐放、争奇斗艳，一派繁荣景象。反之，当经济发展受到严重阻碍时，服装流行变化的节奏即放缓，款式也变得简约而纯粹起来，烦琐的工艺、反复无常的装饰细节变得少之又少。

3. 文化因素

文化因素是服装流行的内在动力，服装的流行归根结底是文化的流行。过去的百余年间，西方文化强势渗透全球，世界时装舞台与时尚话语权一直由西方世界所主宰。他们崇尚个性，讲求性情外露，喜欢探奇和冒险，讲究精微、科学、客观化的本性美感，不仅具有古典、浪漫的情调，还追求抽象、怪诞的风格，因此服装造型以立体构成为主，凸显女性身材凹凸有致的曲线美感特征。

随着我国综合实力的不断提升，东方文化（以中国为代表）逐渐觉醒与自信，中国风逐渐盛行，时尚话语权慢慢开始往东方转移。这是因为东方文化讲求中和一统，主张天人合一，追求意象、寓意、象征，艺术美的表现重意境、气韵和程式化，秀外慧中、含蓄而内在，带有潜在的神秘主义色彩，特别是在汲取与交融西方文化的某些精华之后，表现出更加强劲的韧性与无限的魅力。

4. 科学技术因素

科学技术是第一生产力，科技的发展促使服装从手工缝制走向机械化生产。纺织技术的进步和化学纤维的发明极大地丰富了人们的衣着服饰，现代纺织、染整、加工等技术的更新，不断地满足着消费者的多种需求，加快了服装流行的进程。总之，新材料、新工艺、新技术的创新应用，一定会催生全新的流行服饰。

5. 个人生活观念

个人的生活观念包括个人需求、生活方式和生活态度。个人需求是人们生理或心理的一种缺失状态，它是个体行为积极性的源泉。生活方式对服装流行有着多方面的影响。不同的生活空间对人们的穿衣打扮影响很大，为了生存和进行社会交际，必须使自己的穿着能适应特定的自然条件和社会环境。不同的人群有各自独特的社会心态，导致不同的生活态度，这种生活态度对服装流行的影响是巨大的，而且无处不在。人们对服装的造型、色彩、图案等元素的选择会有相应的变化。东方人的服装较为保守、含蓄、严谨、雅致，西方人的服装则较追求创新、个性、奔放、随意。

6. 社会群体意识

社会存在决定社会意识，而社会意识又是影响人们消费需求的思想基础。服装具有实用功能和社会功能，两者都会使人产生相应的象征性概念，这种概念一旦稳定，就会成为一定时间、范围内的社会意识。这种反映在社会群体中的服装意识不仅表现在对服装的外在评价上，也对服装的使用性和社会功能的适应性有比较深刻的理解，从而使这种意识成为一种对服装综合评价的标准。一般来说，越是在科学和经济发达的地区，人们的自我意识就越强，就越不轻易盲目地效仿某种消费行为；以政治、经济、科技、文化为中心的大城市象征着一种先进的社会生产力，这种象征性在人们的心理上形成固定的社会群体意识，可以对流行行为产生制约作用，由此而形成趋势。

（三）流行的传播模式

服饰流行传播模式主要有三种，即上传下模式、下传上模式和水平传播模式。

1. 上传下模式

上传下模式是指流行样式产生于社会上层，社会下层对其模仿逐渐形成流行。例如，高级定制服装的某些元素经过简化处理之后向高级成衣再向大众成衣传播而流行的过程即是上传下模式的一种表现形式。这种上传下模式在过去很长一段时间内是服装流行传播的主流模式。

2. 下传上模式

下传上模式主要是指新的流行首先由年轻人或底层人创造和采用，并逐渐被社会上层接受而形成的流行。随着时代的发展与变迁，当下的年轻人更加渴望独立和个性化的发展，比其他社会阶层更易于接受新的、不同的流行，因此这种传播模式越来越被重视。

3. 水平传播模式

水平传播模式是指流行在同一阶层的群体间水平移动，而不再仅仅是垂直地由一个社会阶层传播到另一个阶层。例如，在大学校园某一风云人物的时尚穿搭会在学生群体中激起一股强烈的流行风潮，这是现代服饰流行的主要传播手段。

（四）女装流行的要素

1. 廓型

服装廓型的重要性仅次于色彩，它是款式设计的第一步，也是后续工作的根据、基础与骨架。它可以用抽象的几何名词或字母（如A、H、X、O、T）来概括形容服装的外形特征，也可以用特殊形状的物体来描述，如梯形、帐篷形、沙漏形、钟形等。每年的流行在外轮廓线上也会有变化，如19世纪40年代的A形、19世纪50年代的X形、19世纪60年代的酒杯形、19世纪70年代的X形，19世纪80年代初的H形等（图7-2）。

2. 面料

面料是服装设计三大要素之一，它对服装的成型效果起到至关重要的作用。随着季节的更替及人们审美喜好的变化，国际各大预测机构及著名服装品牌都会发布符合潮流变化和人们需求的新型面料，从而形成各种面料的流行局面。例如，某一季特别流行粗花呢面料，各大服装品牌都会积极响应，主动将其应用于产品设计之中（图7-3）。

3. 色彩

色彩是流行要素中至关重要的元素，也是设计师非常关注的设计视角。因女性对色彩的敏锐性及业界对流行色的重视，设计师往往会遵循流行色的特点合理进行应用。例如，每一季度都会有红色，但是红色可能是正红、橘红或者深红等不同偏向，设计师会结合自身品牌特点合理选择应用（图7-4）。

图7-2　各种不同廓型的女装

图7-3　流行面料粗花呢的应用

图7-4　各种不同红色的流行色彩

4.细节

细节决定成败，品牌往往都比较重视细节。每一季度都有不同的流行细节，只不过明显与不明显而已。例如，每一季度的领线、袖子、腰线、裙摆、绣花、褶裥、垫肩、蝴蝶结等都是不一样的，它们或多或少有所改变。又如，某季度流行蝴蝶结这一细节，它就会成为当季的流行焦点，会被极尽所能地运用在各类单品之中（图7-5）。

图7-5　各种不同蝴蝶结的流行细节

5.流行风格

综合考虑廓型、面料、色彩、细节等流行要素，服装就会呈现出一种特殊的面貌，这就是风格。常见的流行风格有波西米亚风格、中性风格、街头风格、运动风格、休闲风格等。受流行风格的影响，设计师在处理每季产品过程中都会或多或少地加入当季流行风格的一些要素，使该季产品更加符合潮流趋势，但总体风格倾向不能背离品牌的整体调性，否则就与品牌的建设与发展背道而驰了。

三、流行资讯获取途径

（一）时装发布秀

国际四大时装周包括巴黎时装周、纽约时装周、米兰时装周、伦敦时装周，通常2~3月发布秋冬作品，9~10月发布春夏作品。

中国国际时装周（北京）3月发布秋冬作品，10月发布春夏作品；另外还有上海时装周、广东时装周、杭州国际时装周、深圳时装周等。

（二）流行情报杂志

流行情报杂志种类多种多样，国内外著名的时尚杂志有*VOGUE*，*GAP PRESS*，*ELLE*，*COLLECTION*，*HARPER'S BAZAAR*，*PURPLE MAGAZINE*，*T MAGAZINE*，*I-D*，*LOVE*，周末画报、新视线等，如图7-6所示。

图7-6　各种不同的流行情报杂志

（三）专业展览会

见表7-1。

表7-1　专业展览会

展会名称	展会地区	举办周期	展览范围
中国国际纺织面料及辅料博览会	中国	3月、9月（上海） 7月（深圳）	纺织面料及辅料、室内装饰面料、家居用纺织品
法国国际纱线展	法国·巴黎	1月、7月	纺织纱线
意大利佛罗伦萨纱线展	意大利·佛罗伦萨	1月、7月	纺织纱线
上海国际流行纱线展	中国·上海	3月、9月	纺织纱线
Premiere Vision（第一视觉，简称PV面料展）	法国·巴黎	2月、9月	纺织面料
IFFE纽约国际时装面料展	美国·纽约	4月、10月	纺织面料、辅料
MODA IN米兰国际面辅料展	意大利·米兰	2月、9月	纺织面料、辅料

（四）网络、媒体

服装资讯相关的网络、媒体机构极其多。国外主要有法国Promostyl时尚咨询公司、美国Fashion Snoops、英国预测机构WGSN、法国时尚频道，还有第一视觉网、风格网、纽约时尚网等。国内服装资讯网站主要有POP服装趋势网、热点趋势网、蝶讯服装网、海报时尚网、穿针引线、中国服装网、中纺时尚网、品牌档案网、时尚品牌网等。

（五）服装专业市场

国内外大型服装专业市场主要有杭州四季青、海宁皮革城、桐乡濮院毛衫城、广州白马服装批发市场、广州十三行服装批发市场、江苏常熟服装城、上海七浦路批发市场、平湖·中国服装城、韩国东大门服装批发市场等。

第二节　消费人群和产品定位

一、消费人群定位

消费人群定位是市场细分的要求，它是指对具有某种共同特征的若干消费者组成的团体进行定位。目的是清晰、准确掌握目标客户群体的综合特性，进而为女装产品设计提供方向。由于女性消费群体的构成情况极为复杂，消费层次、消费习惯多种多样，即便年龄相仿、收入水平相近的消费群体，也可能对服装的风格、品质、价格要求存在显著的差异。因此，想要精准定位目标消费群，必须从多个维度分析，寻求她们相同或相近的特征，具体包括如下几个方面。

（一）性别对象

一般指男性或女性，也可以加入中性，即无性别差异。中性群体属于小众群体，其定位较适用于某些主打单品的品牌产品设计之中，如文化衫、卫衣、运动装等方面的设计。

（二）年龄结构

通常所说的年龄指的是生理年龄，其跨度不宜过大，建议主体目标消费群的年龄差控制在5~8岁，最大跨度尽量控制在12岁以内。不过随着经济独立水平和受教育程度的提升，女性越来越注重自我形象管理和气质修炼，其生理年龄变化带来的外在影响越来越小，更多品牌开始从心理年龄的角度研究消费群体的特性，并作为消费人群定位的重要依据。

（三）职业特征

现代女性拥有与男性完全平等的机会参与社会各类活动与工作，职业种类的多样性与社会活动的频繁性对女性的穿搭提出了更加多样化的要求。例如，时尚设计师的穿搭往往更加关注个性化与时尚度，而金融和教育行业的女性会更加在意穿搭的得体、大方和舒适性。因此，在消费群体定位时尽量选择具有共同职业属性或较大关联度的职业群体。

（四）经济水平

经济水平是主导消费能力和消费层次的核心指标，一般情况下，经济水平越高，其消费能力和消费的层次也会越高。例如，年薪百万的中产阶级女性的消费能力和消费层次会明显高于年薪十余万的女性，一线城市的女性整体上也会比三线城市的女性消费能力和消费层次高。当然，同样是一万元的月薪，一线城市与三线城市女性的消费行为也可能会截然不同。

（五）文化程度

文化程度一般指的是一个人的教育背景、学历程度。女性的文化程度越高，见识越广，越注重自我内心的修炼与外在形象的管理，对服饰穿搭的要求也越多、越高。特别是对具有文化内涵的服装品牌的渴求、对特定服装风格的钟爱以及对高品质服装的筛选等方面越加重视。而文化程度较低的女性群体，一般会比较注重服装的外在款式、装饰细节等物质层面的需求。

（六）性格特征

性格是人的个性差异的主要表现形式，也是个性表现最鲜明的方面，人们对他人的知觉中所力图确定的个性特征往往就是性格。性格是一个人独特的、稳定的个性心理特征，是个体在长期实践活动中沉积下来的稳定的态度和习惯化的行为方式，如平常所说的成熟稳重、自由奔放、活泼开朗等。不同性格特征的女性群体对服装的风格喜好偏差明显，如成熟稳重的女性群体往往偏爱简约、经典的服饰风格，而自由奔放的女性群体会更加喜好个性化、前卫的服饰风格。

（七）文化习俗

随着全球化进程的快速推进，世界早已变成了地球村，各种文化交流空前盛行。尽管如此，各地文化习俗的差异依旧明显存在，主要体现在不同空间与时间之上，如东方与西方文化习俗的差异、古代与现代文化习俗差异等。在我国，文化习俗的差异主要体现在不同民族之间，各民族之间的民风、民俗差异更为明显，这些差异对女装产品的款式、色彩、材料、工艺等方面的设计提出了更加多样化的要求。

（八）消费习惯

消费习惯是指消费主体在长期消费实践中形成的对一定消费事物具有稳定性偏好的心理表现，是消费者在日常消费生活中积久形成的某种较为定型化的消费行为模式。例如，某些群体女性对某些服饰品牌或某些服装商品有明显的偏爱，某些群体喜欢超前消费、超标消费甚至过度消费等。不同的消费习惯对女装产品的款式、色彩、搭配设计以及产品的上新数量、频率、周期都会产生影响。

二、产品定位

产品定位是指企业对应什么样的产品来满足目标消费者或目标消费市场的需求。产品定位的目的就是要在目标客户的心目中为产品创造一定的特色，赋予一定的形象，以适应顾客一定的需要和偏好。具体来说，产品定位包括产品风格、产品价格、产品比例、产品规格、产品产销方式等方面的定位。

（一）产品风格定位

产品风格是指产品在整体上呈现的有代表性的面貌。它是通过产品所表现出来的相对稳定，反映时代、民族或设计师的思想、审美等的内在特性。产品风格类型多样，透过产品风格能看出设计的理念、流行因素等信息。

1. 产品风格类型

主流风格包括经典风、中性风、欧美风、都市风、简约风、运动风、街头风、民族风等；非主流风格包括前卫风、朋克风、哥特风、未来风、波普风、嘻哈风、洛丽塔风等。

2. 产品风格定位的原则

（1）产品定位必须简洁明了，抓住产品要点与特点，从定位中尽量体现自身产品与其他产品的不同之处。

（2）产品定位应能引起消费者的共识。

（3）产品定位必须是能让消费者感受到产品的风格特点，而不是产品质量评定的标准。

3. 案例解析：CHANEL产品风格定位

CHANEL的产品风格特色十分鲜明，优雅大方、时尚简约、纯正风范又不失青春靓丽，被时尚界称为"小香风"。其经典特征是采用粗花呢面料和滚边、镶边工艺，黑白色搭配，山茶花作为装饰，以珍珠项链为点缀等。品牌创始人香奈儿女士的至理名言是"潮流不断在变，而风格永存"。社会对该品牌产品的评价是"当你找不到合适的服装时，就穿香奈儿套装"，说明该品牌的产品风格具有独特性的同时不乏广泛的适应性，难怪CHANEL会成为百年经久不衰的时尚品牌（图7-7）。

图7-7　CHANEL 经典产品形象

（二）产品价格定位

产品价格是产品价值的外在表现形式之一，其定位主要受市场需求、成本费用和竞争产品价格等众多因素影响。在服装设计与营销活动中，价格定位的成功与否不仅影响产品设计的决策和行动，还会直接关系到产品的销售业绩。一般而言，产品价格定位越高端，设计决策和行动的局限性就越低，产品的款式设计、结构设计和装饰设计就可以更加多元化，面辅料档次、加工工艺和生产品质选择更加高端化；产品价格定位越低端，许多复杂的款式、结构和装饰设计就难以实现，材料、工艺和品质的选择余地就大幅降低。当然，也不能把产品价格定位简单与设计活动挂钩，现实情况不乏低端的价格定位与高端的设计服务组合的例子，如快时尚品牌ZARA、GAP等即采用低价定位策略，但其设计款式、面料变化多样，紧跟时尚潮流，深受消费者的喜爱。

（三）产品产销方式定位

产销方式指产品的生产方式和销售方式。生产方式一般分为自主生产或外包服务；销售方式包括批发、零售、专卖店和商场专柜等形式。产品产销方式的定位一般不会直接对设计活动产生影响，但是在现实情况中的设计策略往往会根据产品产销方式的变化而做相应的调整。例如，网络销售盛行之下许多服装品牌会设计两种不同标准的产品分别投放实体专卖店和网络平台以满足不同消费者的购物需求。

（四）产品比例定位

产品比例指的是不同产品类别（如衬衫、T恤、连衣裙等）之间的配比关系和同类产品不同属性（如基本款、时尚款、经典款等）之间的配比关系。一般而言，产品比例受气候、季节、地区等非人为因素和上一季销售情况、主题系列特征、资金、财务状况等人为因素的双重影响。在产品比例定位执行过程中，一般先确定整季产品开发的总量和产品大类（上衣、下装、一套式、饰品等）的配比关系，然后按产品细分类别和类别属性确定具体的数量和比例。

见表7-2，某网红女装机构2017春夏产品架构表中，产品类别、数量、比例和上新时间一目了然，为女装产品设计明确了方向和任务，有效增强产品开发的效率。

（五）产品规格定位

产品规格定位是根据各地区、各种族在身高、体型、消费习惯等方面的不同，对该地区某个消费群进行普查和抽样调查，求得相对合理的人体理论数据。目前，国内服装品牌一般以国标的XS、S、M、L、XL五个尺码定位居多，也有品牌会根据自身顾客群体的特点增加或减少规格的数量，还会根据产品类别的特点适当调整规格数量。例如，针对肥胖人群的女装品牌会增加2XL、3XL甚至4XL等规格。

产品规格数量越多，库存的风险和压力就越大。例如，国内某裤装品牌在创立之初就提出产品规格定位的创新之举，即根据国内女性腰围、臀围、大腿围、小腿围等尺寸差异，将裤子品类设定为128个规格。结果不仅产生大量库存。

第三节 产品设计主题提案

产品设计主题是每季产品设计与开发的指南针，具有统一设计风格和方向、引领及指导产品设计的作用，对于企业、设计团队、产品都有重要的价值。产品设计主题提案的成功与否会直接影响当季产品的销售情况和产品的附加值，因此，品牌服装公司非常注重产品设计主题提案工作。

表7-2　某网红机构2017春夏女装产品

二级类目占比	款数[不分色]	一级类目占比	一级类目	二级类目	1月 第1期 1.13（年末促销）	2月 第1期 2.10（开春上新）	2月 第2期 2.24（2.24）	3月 第1期 3.10（新势力周）	3月 第2期 大致时间（3.25）	4月 第1期 大致时间（4.10）	4月 第2期 大致时间（4.28）	5月 第1期 大致时间（5.12）	5月 第2期 大致时间（5.29）	6月 第1期 大致时间（6.12）	6月 第2期 大致时间（6.29）
10.4%	13	50.4%	上衣	T恤		1	1		1	1	1	2	1	3	2
4.8%	6			衬衫		1		1	1		1		1	1	
4.8%	6			蕾丝雪纺衫					1	1	1	1		1	1
7.2%	9			背心/吊带/裹胸		1		1	1	1	1	1	1	1	1
8.0%	10			毛针织衫	4	2	2	1	1						
4.0%	5			卫衣	1	1	1	1	1						
2.4%	3			西装		1	1			1					
3.2%	4			夹克	1		1	1		1					
3.2%	4			马甲	1				1	1		1			
2.4%	3			牛仔外套	1		1			1					
7.2%	9	28.8%	下装	短裤			1	1	1	1	1	1	1	1	1
8.0%	10			半身裙	3	1	1	1			1	1	1		1
1.6%	2			打底裤		1	1								
5.6%	7			休闲裤		1		1		1	1	1	1	1	
6.4%	8			牛仔裤				1	1	1	1	1	1	1	1
8.8%	11	14.4%	一套式	连衣裙		1	1	2	1	1	1	1	1	1	1
2.4%	3			连体裤					1		1		1		
3.2%	4			套装	1	1	1								1
0.8%	1	6.4%	配饰	鞋·包							1				
5.6%	7			其他饰品			1		1		1	1	1	1	1
100.0%	125			常规上新总计	12	12	13	11	12	11	12	11	10	11	10

一、何谓主题

主题是在充分调查消费者的需求和欲望的基础上，结合自身品牌特色，同时考虑时代气息、社会潮流等信息而凝练的一个概念性故事，一般具有较强的文化内涵。它既可以是文字主题概念，也可以是包含文字概念、色彩概念、面料概念、款式概念、细节概念等。

企业在每季产品开发前都会确定一个大主题，在这个大主题下再分出数个细主题，也叫系列主题。一般情况下，一季度产品可分为 3 ~ 4 个系列主题。每个主题的款式特点、色彩搭配、面料组合、图案应用既有区别又有联系，从属于大主题。设计师就是将每个主题概念下的文字、图片等信息转化为辅助的设计语言，并在服装产品设计中合理规划、整合与应用，形成新一季的系列化产品。因此，主题与企业、设计团队、产品之间的关系极为密切。

（一）主题与企业

企业最核心的目的是追逐效益和利润，创造社会价值。主题之所以经常成为各服装品牌企业及设计师关注的焦点，是因为确定主题的过程是将创意集中化、具象化的过程，且主题所承载的文化内涵可以激发设计创意，凝聚企业力量，并可以有效传递到服装产品之上，为产品带来极高的附加值，因此主题与企业的关系就显得格外重要。

（二）主题与设计团队

对设计团队而言，主题像大海中的灯塔指引其前进的方向。主题可以引导整个设计团队围绕其内涵开展设计理念、设计思维、设计概念的表达，树立统一的工作目标，凝聚统一的工作方向。例如，以"战争"作为某季主题概念，整个设计团队的创意工作将始终围绕"战争"的内涵与外延而展开，尽管表达的视角、载体、形式可能会多种多样，但其精神内核始终不会偏离"战争"这一主题。

（三）主题与产品

如果把产品比喻成一颗颗珠子，那主题就是串联珠子的绳索。没有主题引导的产品，只是散乱的个体，相互之间缺乏内在的联系。而基于主题开发的产品，不仅具有某种神似感和次序化的美感，还有利于终端的主题化陈列与营销，从而有效提升品牌的形象和附加值。

二、主题的推出

（一）灵感来源

灵感是指在人类的潜意识中酝酿的东西在头脑中的突然闪现，是人类创造过程中一种感觉得到但却看不到的东西，是一种心灵上的感应。灵感不会凭空产生，设计师需要经历丰富的社会生活和创作实践活动才可能面对各种事物或问题时涌现大量的创作灵感，激发无限的创作欲望。

灵感来源的汲取非常广泛，历史积淀、人文现象、姊妹艺术、行业传统、竞争对手品牌及现代科技成果等方面都能为设计师带来各种创意灵感素材，激发设计创作活力。获取灵感的途径同样多种多样，参观展会或艺术展览、寻访历史文化古迹、开展市场调查等都是常用的方法，而跨地区、跨国度的文化采风或研学之旅是设计师寻找灵感最为普遍且有效的做法。一般，每季产品开发完成之后设计师团队都会组织各种文化采风或研学活动，这既是一次及时的部门团建活动，也能为下一季产品开发搜集、挖掘灵感素材。

如图7-8所示，当设计师看到法国艺术家马歇尔·雷斯（Martial Raysse）将古典艺术与充满现代感的波普艺术相结合的一瞬间，就会思考如何以更为现代的方式去重新诠释经典艺术，使其更加适合未来。而画面中考究的造型、复古的图案、经典的元素、丰富的色彩关系为创新女装设计奠定了强大的根基。

（二）主题概念

主题概念也称系列概念或故事概念。主题概念是指按照品牌定位和产品风格开展概念性的策划，它是产品设计前期的一种总体构想，是对产品设计提出的一种方向性的设计概念，对设计起到指导性的作用，可以为设计师带来非常丰富的信息。主题概念规划一般以精炼的文字配合代表性和视觉冲击力的图片共同表达出来，不会有明确的产品内容，仅仅传达设计师的设计意念求得消费者对该系列或该主题在宏观上的认同。

如图7-9所示，设计师受法国艺术家马歇尔·雷斯画作的灵感启发，通过精要的文字和带有复古、经典和艺术感的图片组合规划的《艺塑经典》主题概念。

（三）造型概念

造型概念也称款式概念，它是指在主题概念的基调下按照系列或产品大类，对

图7-8　灵感来源素材版
（图片来源：POP趋势资讯网）

图7-9　《艺塑经典》主题概念版
（图片来源：POP趋势资讯网）

服装的廓型和局部形态进行概念性和方向性的规划。服装廓型主要有A、X、T、O、H等字母型，每种廓型都具有各自的特征或风格倾向，如T廓型偏中性化、男性化，且具有复古倾向；X廓型偏女性化和淑女感，具有浪漫情怀。

如图7-10所示，《艺塑经典》主题下的廓型和局部造型，采用建筑廓型感的西装套装和复古宽肩板型，搭配皮带或收腰造型，灰黑色系点缀石榴红与木质黄的色彩，散发出一种极具艺术感的都市风格。

图7-10 《艺塑经典》主题下的廓型和局部造型
（图片来源：POP趋势资讯网）

（四）细节概念

细节概念是指在主题概念的指引下选择一定数量的服装细部设计元素，对产品设计的细节处理做出概述性的描述。它是款式设计元素最集中的体现，用分类图示的方式表现，作为后续产品设计的参考。细节主要包括工艺细节、结构细节、装饰细节等表现形式，它们是主题概念的重要补充，往往也会成为主题的点睛之处。一个别有情趣的细节往往是服装产品最大的卖点，特别是追求个性化的时代，产品细节的巧妙处理极易勾起消费者的购买欲望。

如图7-11所示，《艺塑经典》主题下的细节选用泡泡袖元素，能很好地体现艺术、复古的风潮。它们运用不同板型或打褶方式呈现不同外观形态，将设计要素杂糅，带来全新的视觉判断，袖山部蓬起的俏皮设计，看起来强势却又有一种优雅的气质，营造出复古与浪漫感。

（五）色彩概念

色彩概念也称配色概念，是指主题概念下的系列产品色彩表现及用色整体说明。即按照系列或产品大类，选择包含拟采用色彩的资料图片作为色彩形象，将图片中的色彩归类和提炼，利用行业内通用的标准色卡集中表达，一般由主色系、副色系和点缀色系构成。主色系即成品系列的主要色系，其用量最多，较多应用于当季主打产品之中；副色系即成品系列的次要色系，其用量次之；点缀色系即成品系列的衬托色系，其用量最少，较多以服饰配件或局部图案、细节装饰等方式出现。这种按每个色系的地位和其使用比例的大小来表示，可以使观者了解产品的基本色调。

　　如图7-12所示，POP趋势资讯网发布的《艺塑经典》主题色彩是设计师从法国先锋波普艺术家马歇尔·蕾斯的作品 *LA GRANDE ODALISQUE* 中提取的古典而又不失现代感的色彩，大胆地重塑了古典艺术，让更多人了解艺术的美好。

图7-11 《艺塑经典》主题下的细节元素
（图片来源：POP趋势资讯网）

图7-12 《艺塑经典》主题下的色彩概念版
（图片来源：POP趋势资讯网）

（六）面料概念

主题概念下的面料概念是对系列产品面料选择应用的整体说明。即按照系列或产品大类，选择吻合主题基调的几组有使用意向的面料小样，对产品的面料选择范围所做的概念性描述。在实践应用时，设计师应尽可能从面料的肌理、视觉感度等方面选择与产品类别特征相吻合的面料类别，进行合理搭配、组合，最终呈现的效果应很好地展示主题基调的特征，同时系列产品不同类别的面料应有很好的整体规划。当选中的面料没有合适的色彩时，必须用色卡表示该面料。根据每一种面料的使用比例和搭配情况贴出面料关系，则产品概念更为直观。

如图7-13所示，设计师选择经典与复古兼具、传统与现代兼容的格纹与条纹相结合的面料、绒面触感的灯芯绒和丝绒面料以及轧光光泽感的平纹机织等面料表现《艺塑经典》主题下的面料概念版，使不同时期的经典设计元素与现代细节和材料相结合，很好地体现主题基调。

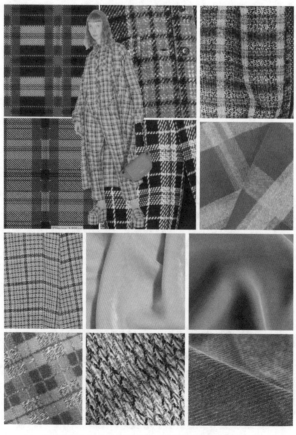

图7-13 《艺塑经典》主题下的面料组合
（图片来源：POP趋势资讯网）

第四节　产品设计主题规划

产品设计主题规划的内涵极为丰富，主要包括主题色彩、主题面料、主题廓型、主题图案、主题细节、主题搭配等方面的规划，设计师可结合品牌定位、产品风格、产品类别进行选择性规划，无须面面俱到。

一、主题色彩规划

在季度产品开发实践过程中，一般会设计多个不同系列的产品，每个产品系列的色彩都与主题概念、色彩概念紧密关联。主题色彩规划即是在主题概念的指引下，对色彩概念做深化、细化、具体化处理，即规划各系列产品的用色比例、色彩搭配组合关系，渲染本系列主题的色彩氛围，并保证系列产品的色彩感度与主题概念基调相一致。在此过程中，设计师还需要在市场分析基础上归纳出当年的畅销色、平销色和滞销色，并结合品牌产品的基础色和符合产品形象特征的形象色，对基本色彩的搭配组合进行规划（图7-14～图7-17）。

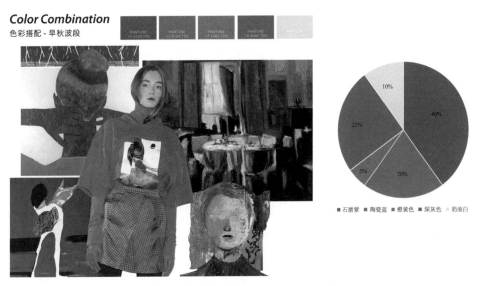

图7-14　《艺塑经典》主题下的早秋波段主题色彩规划
（图片来源：POP趋势资讯网）

Styles 重点单品 - 抽象印花卫衣

以柔和的色彩，层次丰富的抽象印花卫衣搭配上
几何图案半裙更好的展现复古文艺气息。
A sweatshirt with soft shades and
abstract prints teams up with a geometric
patterned skirt, feeling retro and artistic.

图 7-15 《艺塑经典》主题下的早秋波段主题色彩产品应用
（图片来源：POP 趋势资讯网）

Color Combination
色彩搭配 - 冬波段

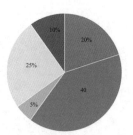

图 7-16 《艺塑经典》主题下的冬波段主题色彩规划
（图片来源：POP 趋势资讯网）

Styles 重点单品 - 解构毛衫

宽松的廓型与结构化的图案凸显出慵懒个性更适合与半裙搭配，弧线型的色块分割更为新颖。
L oose silhouettes and structural patterns underline a leisure style, while curved color blocks are novel. Skirts are ideal items for combination.

EMILIO PUCCI

ROKSANDA

LSABEL MARANT ETOILE

FABIANA FILIPPI

RALPH LAUREN

MARQUES' ALMEIDA

PERFECT MOMENT

COMPLET

图 7-17 《艺塑经典》主题下的冬波段主题色彩产品应用
（图片来源：POP趋势资讯网）

（一）色彩搭配及适用品类规划

色彩搭配规划指的是对主题色彩下各种不同色彩的组合关系的规划。色彩组合关系即色彩配色关系，常用的色彩配色方法有邻近色配色、类似色配色、中差色配色、对比色配色、互补色配色等，也可以从色彩明度或纯度的视角对色彩搭配做进一步的规划。该内容在本书第二章第二节、第三节中有详细论述，故不再赘述。

适用品类规划指的是主题色彩下各种不同色彩及其搭配组合在产品类别中的应用规划。由于不同色彩及其搭配组合都具有各自的特点，且在不同品牌、不同产品类别应用中都会产生显著的差异，因此必须对色彩的适用品类提前进行规划。例如，将基础色用于主打产品品类，将点缀色用于配饰类产品，将流行色用于形象产品品类等。

（二）色彩比例规划

色彩比例规划一般分两个步骤：第一步是对主题色彩下的各颜色占比进行整体性的规划，如畅销色、平销色、点缀色的比重关系。第二步是针对具体产品类别开展色彩搭配组合时的色彩比例规划，如一件卫衣的配色比例关系。在色彩比例规划时，不应过分注重色彩的主题特性和色彩的受欢迎程度而忽视品牌的用色习惯和当季的产品类别。品牌用色习惯是品牌的特色标签（如CHANEL特别钟爱黑色、白色），而产品类别是承载和检验各种色彩是否与之匹配的直接体现。因此，设计师应该按产品类别对相关颜色在市场中的销售信息反馈进行分析，确定目标市场消费者对颜色的喜好以及流行带来的变化性。

二、主题面料规划

主题面料规划是指在主题概念的指导下，于产品设计前期对主题面料概念的深化、细化、具体化处理，即合理规划面料的类别、不同面料之间的比例关系以及适用的成品品类等内容。在规划过程中需要考虑面料组合是否表现主题的基调，是否适合相对应的季节，是否满足不同产品类别的面料需求等方面的要求。常规产品品类对面料的需求可参照表7-3。设计师在规划面料时必须根据季候、主题特征定性面料的类别及其占比关系，如基础面料、流行面料和陪衬面料的选择及其比例关系。同时还要根据季候、主题及品牌对应的产品品类特性规划不同面料的比例，如外套面料、衬衣面料、裙子面料、裤子面料等的比例关系。

如图7-18所示，在《艺塑经典》主题面料规划时，设计师有针对性地选择经典革新的格纹面料、绒面触感的灯芯绒、丝绒或平绒面料，以及手工编织、艺术印花等面料应用于各类不同产品之中。例如，选择灯芯绒面料用于西装或套装品类；选择格子面料用于大衣、外套品类；选择丝绒面料用于卫衣、裤子品类。这些产品很好地诠释了主题的经典、复古特性，如果再进一步规划好各类面料的占比，将对后续的产品设计直接起到指导作用。

表7-3　女装产品不同类别对面料的需求特点及适用种类

产品类别	面料需求特点	适合面料种类
衬衣	1.基本特性需求：轻薄柔软、抗皱性、耐洗涤等特点 2.不同季节需求：春、秋、冬季以内搭为主，宜选择柔软的面料；夏季以外穿为主，宜薄型、织纹较紧密，有一定塑形性和挺括感的面料	棉布、乔其纱、雪纺、双绉、棉涤布、斜纹绸

续表

产品类别	面料需求特点	适合面料种类
外套	1.基本特性需求：保暖性、防皱性、质地紧密等特点 2.不同季节需求：春夏季宜较薄、透气、柔软度和悬垂感的面料；秋冬宜中厚型、塑形与保暖俱佳的面料	精纺哔叽、华达呢、粗纺花呢、灯芯绒、麂皮绒、厚卡其、斜纹布
风衣	1.基本特性需求：防风、防水、质地紧密 2.不同季节需求：春季宜紧密的薄型防水面料；秋冬宜中厚型、具有一定保暖性的面料	卡其、华达呢、涂层面料、防水面料、斜纹布
裤类	1.基本特性需求：悬垂性、抗皱性、耐洗涤、耐磨 2.不同季节需求：春夏季宜较薄、透气、悬垂感、柔软度的面料；秋冬季宜中厚型、有一定挺括感和塑形性的面料	牛仔布、卡其、平绒、灯芯绒
大衣	1.基本特性需求：保暖、质地紧密 2.不同季节需求：深秋季宜中厚型面料；冬季宜厚型、手感温暖、蓬松类保暖面料	大衣呢、麦尔登、双面呢、羊毛呢
连衣裙	1.基本特性需求：柔软轻盈 2.不同季节需求：春夏季宜选用薄型、透气、手感柔软、悬垂性好、具有一定抗皱性的面料；秋冬季宜中厚型、柔软、具有较好悬垂感的面料	平布、府绸、塔夫绸、泡泡纱、丝绒、雪纺
腰裙	1.基本特性需求：悬垂性、抗皱性、耐洗涤、耐磨 2.不同季节需求：春夏季宜薄型、透气、手感柔软、悬垂性好、具有一定抗皱性的面料；秋冬季宜中厚型、柔软、具有较好悬垂感的面料	塔夫、双绉、绵绸、丝绒、粗花呢、华达呢

（资料来源：胡迅，须秋洁，陶宁编著《女装设计》）

图7-18 《艺塑经典》主题面料组合规划
（图片来源：POP趋势资讯网）

三、主题图案规划

主题图案是对主题概念具体化表达最为直观、准确和有效的形式，它能非常直观地将抽象的主题概念和主题文字清晰地表现出来，达到一目了然的效果。主题图案规划即是对吻合主题概念基调的图形以一定的工艺形式和风格表达出来，并在适合的产品类别之中应用的规划。由于主题图案的核心作用一般是为了更好地凸显主题概念，强化服装风格特征，达到装饰和美化服装产品、增强卖点的目的，所以在规划主题图案时务必要注重图案与产品之间的契合度。一般而言，造型、结构变化丰富的产品适合简洁、小面积的图案作局部装饰处理，而款式较为简单的产品可以选择复杂的图案或大面积的图案装饰处理，如夹克、外套、大衣等品类往往以局部点缀图案或者不用图案装饰居多，而T恤、卫衣等款式较为常规的服装品类由于缺乏突出的卖点，可能会以大面积的图案装饰或使用工艺复杂、特色鲜明的图案来达到装饰的目的。

如图7-19所示，设计师在规划《艺塑经典》的主题图案时，选择复古而文艺感的图案，局部出现经典的油画图案，将几何图案、花卉、人像进行叠加重塑，形成复古与现代感兼具的全新视觉效果。这类图案可以作为局部用于卫衣、大衣、裙装等单品的设计。如图7-20所示，VALENTINO的设计师将19世纪新古典主义情侣接吻雕塑和一幅带有流行朋克色彩的玫瑰图案组合在一起。大理石雕塑般亲吻的形象用各式的手法出现在不同的衣服上，打破黑色的沉默，直接展示出对爱的推崇，很好地表达了《艺塑经典》的主题特色。

图7-19 《艺塑经典》主题图案规划
（图片来源：POP趋势资讯网）

图7-20　VALENTINO设计师对《艺塑经典》主题图案的设计应用
（图片来源：POP趋势资讯网）

四、主题廓型规划

主题廓型规划是指以主题概念为指导，对造型概念的深化、细化处理，具体包括服装的廓型规划和形态规划。其中，服装的整体廓型是以服装的上下装搭配组合呈现出来的，整体形态是由材料质地、结构细节、配饰组合等要素共同决定的。因此，主题廓型规划既要对服装单品的廓型及形态进行规划，也要对影响服装形态的材料、结构、细节设计及配饰设计等进行规划。当然，随着流行趋势的变化及消费者喜好的改变，即便同样的廓型也可以由不同的工艺、结构和材料表现出来，因此，在规划主题廓型时要始终以市场流行和消费者需求为导向，结合自身品牌的产品风格特征合理规划各产品品类的廓型及其形态。

如图7-21所示，设计师在规划《艺塑经典》的主题廓型时，重点规划了西装套装的廓型，利用经典、简约的西装款式打造女性复古职业风格。建筑感的廓西套装在复古宽肩版型上搭配了夸张的领部蝴蝶结和灵动轻快的红色与黄色调交互点缀，使套装整体基调严肃而不失活泼感。

建筑形的廓西套装在复古宽肩板型上搭配了夸张的领部蝴蝶结给沉闷的套装带来精致摩登感。
An exaggerated bowtie gives a delicate and modern update to the suit with architectural silhouette and broad shoulder.

GUCCI

ACNE STUDIOS

EVAOUXIU

GUCCI

MARC JACOBS

ACNE STUDIOS

DICE KAYEK

CHRISTORHER KANE

图7-21 《艺塑经典》主题单品廓型规划
（图片来源：POP趋势资讯网）

第五节　主题化女装产品设计

主题化女装产品设计是对主题概念、色彩、面料、图案、细节、搭配等规划内容的综合化、具体化应用，女装产品开发的成败取决于此，它是设计工作的核心，最能体现设计师的设计水平和设计能力。

一、主题化产品品类规划

（一）品类规划基本原则

（1）依据初春至深冬的季候变化特点进行规划。
（2）结合品牌相关地域消费者穿衣习惯进行规划。
（3）结合季度的相关节庆、假日的时间进行规划。

（二）女装常规品类构成

（1）上装：外套、夹克、风衣、棉服、羽绒服、大衣、衬衣、T恤、毛衫等。
（2）下装：裤装、半裙、裙裤等。
（3）一套式：连衣裙、连体裤等。

（三）产品品类季候性结构构成

女装产品的季候性结构构成是指女装不同的产品类别根据品牌特点、消费对象需求，进行产品类别比例分配构成。女装产品的季候性结构必须根据品牌属性、季候变化特点、区域性目标消费人群消费特点，对四季更替的产品按不同的气候变化，进行产品类别的规划，形成适应不同季候变化特点，满足当时穿衣需求的女装产品结构。

不同产品类别的季候性变化差异显著，如衬衣、T恤、连衣裙等常规品类在一年四季中都有不同程度的需求，而棉衣、大衣、羽绒服等品类的季候性极强，只在深秋至来年的初春有需求。当然，不同品牌还是要按照自身服务区域的气候特点、消费人群特点去构建产品类别的季候性结构。例如，我国的珠三角、长三角及东北

等地区的气候差异明显，人们的消费习惯、穿衣喜好也会有很大的不同。因此，各服装品牌需参照表7-4中的产品类别构成结构，切莫盲目遵从。

表7-4　季节与女装产品品类构成表

季节	初春	春季	初夏	夏季	盛夏	初秋	秋季	深秋	初冬	冬季	深冬
	2月	3月	4月	5~6月	7月	8月	9月	10月	11月	12月	1月
女装产品基本类别	衬衣	衬衣	衬衣	衬衣	衬衣	衬衣	衬衣	衬衣	衬衣	衬衣	衬衣
	T恤	T恤	T恤	T恤	T恤	T恤	T恤	T恤	T恤	T恤	T恤
	外套	外套	外套	外套	/	外套	外套	外套	外套	/	外套
	夹克	夹克	夹克	夹克	/	夹克	夹克	夹克	夹克	/	夹克
	风衣	风衣	风衣	风衣	/	风衣	风衣	风衣	风衣	/	风衣
	毛衫	毛衫	毛衫		/	毛衫	毛衫	毛衫	毛衫	毛衫	毛衫
	连衣裙	连衣裙	连衣裙	连衣裙	连衣裙	连衣裙	连衣裙	连衣裙	连衣裙	连衣裙	连衣裙
	棉衣	/	/	/	/	/	/	棉衣	棉衣	棉衣	棉衣
	羽绒服	/	/	/	/	/	/	羽绒服	羽绒服	羽绒服	羽绒服
	大衣	大衣	/	/	/	大衣	/	大衣	大衣	大衣	大衣
	裤类	裤类	裤类	裤类	裤类	裤类	裤类	裤类	裤类	裤类	裤类
	半裙	半裙	半裙	半裙	半裙	半裙	半裙	半裙	半裙	半裙	半裙

（资料来源：胡迅，须秋洁，陶宁编著《女装设计》）

二、主题化产品设计

主题化产品设计是指围绕某主题而展开的产品设计。它是对主题概念、主题规划方案的落地实践，设计师团队必须紧紧围绕主题基调和主题规划的各项要求，逐步开展产品设计的相关工作。主要包括主题产品款式设计、主题产品色彩设计、主题产品面料及图案设计、主题产品搭配设计、主题产品终端形象预设等环节。

（一）主题产品款式设计

主题产品款式设计是设计绘图工作的第一步，它是在主题概念的指导下根据主题规划的要求将预想的产品方案用正、反两面款式图（必要时还要侧面图和局部细节放大图）的形式清晰地表达出来。在产品研发环节，它是设计工作的核心任务，其成败直接影响后续任务的推进，对产品开发和销售起到至关重要的作用（图7-22）。

图7-22 《粉辣世界》主题产品款式设计

1. 设计数量

设计数量指的是设计师按企划方案要求而设计的所有单品款式的数量总和。从理论上来说,设计数量应该要与企划方案中的产品款式数量基本一致,以保证设计师设计的每个单品款式都可以投产,实现设计效率和效益的最大化。从现实情况来看,女装品牌的设计数量与企划方案中设定的款式数量相去甚远。女装品牌的产品款式从设计初稿、定稿、打样到产品投放市场须经历非常烦琐和严苛的内部评审流程,每个环节都会淘汰大量的款式,因此实际产品设计数量远远超过企划方案中设定的投产数量。据有关单位实际测算,女装品牌设计师一个季度的设计数量往往是投产款式数量的5~10倍,即便进入产品打样环节的款式数量也达到投产款式量的2倍左右。例如,某女装品牌秋冬季需要投产80款新品,那么应该要完成160款左右的样衣供定样挑选,而制作样衣前的设计初稿在400款以上。因此,可以看出女装设计师的工作压力非常大,企业的产品研发成本极高,如若能有效提高设计工作效率、降低设计数量和样衣制作数量,将极大地降低设计师的工作压力,减少企业的研发成本。

2. 设计款式

设计款式即产品外部轮廓、内部结构和装饰细节等方面的综合表达,一般以款式图形式呈现。在款式设计过程中,一般先分析和表达体现产品主题特征的核心元素,再逐步完善其他辅助和点缀元素。如在《艺塑经典》主题下完成一款西装产品设计,那么就应该先从该主题概念和造型概念中分析、提取核心的设计元素,如体现经典与复古的宽肩造型元素,然后在款式设计伊始就先表达宽肩造型的西装外轮廓,进而再添加西装的常规部件及结构,如西装大翻领、口袋和必要的结构分割线等。当然,在此设计过程中不能忽视流行元素的变化和市场部门调研反馈的信息,

而是应该把主题特征的表达与目标市场的需求有效衔接，才能使设计的款式有机会落地生产。

设计款式除了遵循主题规划、流行趋势要求和设计规律之外，还须从技术规范层面对款式设计做一些细化要求，如款式图的绘制、主要尺寸规格、工艺要点及其他说明等内容的表达，以减少企业各部门的沟通交流障碍，提高产品设计运行的效率。目前来看，女装设计领域还没有统一的设计款式表达规范，但各企业都有自己的一套约定俗成的做法，它们无所谓好坏、对错之分，只要便于识别和适应本公司跨部门运行与流转要求的，都是可取的做法。

设计初期的款式图一般仅供设计部门领导审批需要，所以为了节约时间可以设计草图形式表达即可，待设计部领导审核通过之后再做深入表达与完善（图7-23）。如果该款式确定进入产品打样环节，为了便于流通与保管，一般以计算机绘制正反两面款式图、特殊结构分解图、细节局部放大图等，且必须标注设计款式的主要部位尺寸和工艺要点说明，方便制板师理解款式设计要求和设计师意图（图7-24、图7-25）。

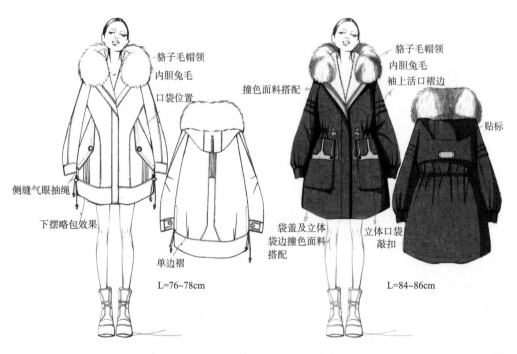

图7-23 手绘设计草图和深入完善细节的款式图
（图片来源：陶静静提供）

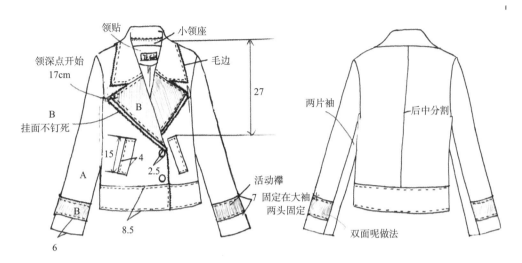

领贴　小领座

领深点开始
17cm

毛边

B
挂面不钉死

27

15　4

2.5

A

B

8.5

6

活动襻

7 固定在大袖片
两头固定

两片袖

后中分割

双面呢做法

外压线均为0.6cm

有夹里、拍死

挂面、袖活动襻和领部都是B料

挂面和袖活动襻橘色正面、领藏青色正面

图7-24　手绘正反两面款式图及工艺说明
（图片来源：平湖某企业提供）

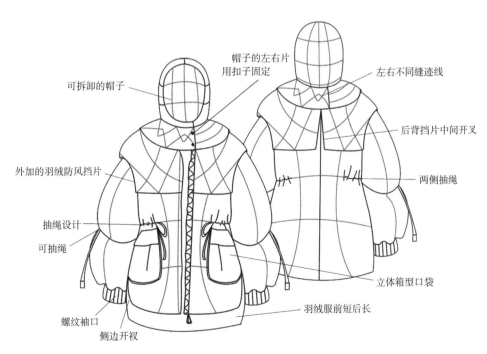

帽子的左右片
用扣子固定

可拆卸的帽子

左右不同缝迹线

后背挡片中间开叉

外加的羽绒防风挡片

两侧抽绳

抽绳设计

可抽绳

立体箱型口袋

螺纹袖口

羽绒服前短后长

侧边开衩

图7-25　计算机绘制的款式图及关键细节说明
（图片来源：楼天婵参赛设计稿）

189

（二）主题产品色彩设计

主题产品色彩设计是指在主题色彩概念的指导下根据主题色彩规划的要求，将主色系、副色系和点缀色系分别应用于各类产品之中，同时考虑各产品之间的色彩搭配及呼应关系，使主题系列产品的色彩协调、统一。

1. 主题产品色彩特点

（1）多样性。根据主题规划要求，每季产品一般由3~4个系列产品构成，每个系列产品又涉及众多服装品类。为了满足多系列、多品类产品设计的需要，主题产品色彩必然要具有多样性的特征。除此之外，品牌面对的客户群体因审美喜好、区域环境、职业特征等方面的差异也会对产品的色彩提出更加多样化的要求。因此，主题产品的色彩设计必须兼顾产品系列多样性和顾客需求多样化的双重诉求。

（2）独特性。色彩的多样性虽可以满足众多产品系列和顾客群体的多方需求，但也可能因色彩的泛化导致产品缺失个性，从而降低产品的识别度。主题产品色彩设计是基于主题基调和色彩感度而表达的，因此它必然带有主题特有的调性。当这种独特的调性贯穿于主题产品色彩设计时，会为主题产品塑造特有的视觉形象，增强产品的识别度。

（3）流行性。主题产品色彩除了多样性和独特性之外还必须同时兼有流行性。或许带有主题独特色彩基因的产品在小范围内可能会瞬间引爆市场，获得部分消费者的青睐，但终究会因缺乏流行性而被时代所抛弃。因为女装产品是极具流行性的商品，国际流行色机构每年都会推出各类流行色，其目的就是指导和引领色彩潮流趋势。

2. 主题产品色彩设计要点

通过主题色彩规划，女装设计师已经基本明确主题系列产品的用色比例、色彩搭配组合关系和适用品类等色彩设计的方向，故本文仅从微观、具体操作层面对色彩设计的要点加以讨论。

（1）分析产品款式特征。主题造型概念和主题廓型规划下的每一款女装产品高度关联又各具特色，设计师在色彩设计之前必须深入分析每款产品的特色及可能营造的卖点，然后针对这些产品的款式特征选择与之匹配的色彩组合，并制订具体的用色比例。如图7-26所示，《粉辣世界》主题概念下的女装产品采用大量的荷叶边、抽褶等结构设计，使款式极具青春与少女气息。因此，设计师在色彩选择时使用了明度较高的胭脂粉、樱花粉和裸粉色，来凸显产品的靓丽感。

（2）把握系列产品色彩节奏。色彩之于女装产品犹如口红之于女性形象，其重要性和受关注程度自然不言而喻，部分女性消费群体对女装产品色彩的挑剔程度甚

190

至超过了对产品款式的要求。主题系列产品构成复杂、品类丰富、款式多样，这给色彩设计带来不小的挑战。特别是当不同系列的产品在波段交替或季节更替时同时出现在消费者面前，如果产品色彩关系和节奏没有控制好，势必会造成眼花缭乱的视觉效果。所以在产品色彩设计阶段，不仅要考虑单品款式对色彩的多样化需求，同时也要统筹规划系列产品的整体色彩节奏。常用的处理方法有很多，如利用无彩色做间隔与过渡，使整体色彩产生节奏性的变化；也可以通过控制系列产品之间的整体色彩跨度，降低产品色彩的反差值，使系列产品色彩形成平缓的节奏；还可以通过突出重点色彩在系列产品之间的主导性作用，使整个系列的产品具有明显的色彩倾向，从而形成统一的色彩节奏感。如图7-27所示，《粉辣世界》主题概念下的女装系列产品采用低纯度、低色彩跨度的色彩组合，使主题系列产品的色彩优雅、色调和谐统一，节奏平缓。

图7-26 《粉辣世界》主题产品色彩设计

图7-27 《粉辣世界》主题产品色彩跨度小、纯度低，整体色调和谐统一

（三）主题产品面料及图案设计

根据主题面料及图案规划要求，分别将面料和图案应用于系列产品之中。同一主题下不同产品之间的面料搭配应遵循统一性与多样性兼顾的原则，把不同款式对面料的需求与系列产品的整体风貌统一考虑，做到款式与面料高度匹配、产品与主题高度统一。在品牌产品开发过程中，还会针对特定的面料开发相应的产品，此时的面料特性会左右款式的造型和结构设计，进而影响产品的整体风貌。部分注重图案装饰的产品，需针对款式特征独立进行图案设计。例如，T恤、卫衣等品类的款式变化相对较小，因此设计师会更加注重其图案的设计应用。值得注意的是，不管面料、图案如何变化，必须要与主题色彩的关系和谐，其产品整体风貌不能脱离主题特征，如图7-28所示。

图7-28 《粉辣世界》主题产品面料及图案设计

（四）主题产品搭配及配饰设计

主题产品搭配是指根据主题搭配规划要求，将各类款式（已经完成色彩、面料、图案设计的单品）进行组合搭配应用，并赋予人物着装状态的展示，以此来检验主题规划下的产品穿搭效果及其多种穿搭的可能性。一般而言，基础款与经典款的变化较小，与其他款式进行搭配的可能性更高，所以更容易被连带销售而成为畅销款，而形象款由于其突出的个性特点往往对穿搭的要求较高，不容易与其他产品进行组合搭配。因此，通过产品的穿搭可以进一步验证单品设计的合理性及与其他产品的匹配度，更好地指导与修正产品设计。

在产品组合穿搭过程中，配饰设计也是不容忽视的环节，它能起到非常关键的点缀作用。在许多国际知名女装品牌中，配饰甚至成为品牌极为重要的组成部分。常规配饰主要包括鞋子、袜子、箱包、帽子、丝巾、腰带、项链、耳环、戒指等。

由于与服装的制作工艺差异显著，多数配饰会被外包给第三方机构设计、生产完成，这就需要女装设计师对配饰的款式、色彩、材质等方面有整体的规划，务必做到服装与配饰之间的完美统一（图7-29）。

图7-29 《粉辣世界》主题产品搭配及配饰设计

（五）主题产品终端形象预设

主题产品终端形象预设是将主题设计下的系列产品模拟终端陈列的方式全部集中展示出来，以此来检验主题产品的风格是否统一、协调，主题特征是否得到鲜明体现，终端形象是否吻合品牌的要求等。如图7-30所示，通过对《陌上花开》主题产品终端形象的预设，可以统揽系列产品的色彩、款式、搭配等效果，及时发现某方面的不足，在后续的工作中加以改进。

图7-30 《陌上花开》主题产品终端形象预设

三、产品打样

产品打样是产品实现的过程，主要包括编制打样工艺单、结构制板、样衣缝制、样衣审核等过程。

（一）编制打样工艺单

编制打样工艺单是女装产品设计稿交付制版师之前必不可少的环节，它主要包含产品的正反款式图、产品重要部位的尺寸、特殊工艺说明、面辅料信息等内容。其目的是把设计师的设计意图更加清晰、明了地展示出来，方便制板师在制板过程中更好地还原设计师所追求的效果。当然，因需求不同各企业之间的产品打样工艺单也存在较大的差异，有些企业的工艺单非常简约，仅显示与制版师工作紧密的必要信息；也有些企业的工艺单较为复杂，涉及大货生产相关的信息（图7-31、图7-32）。

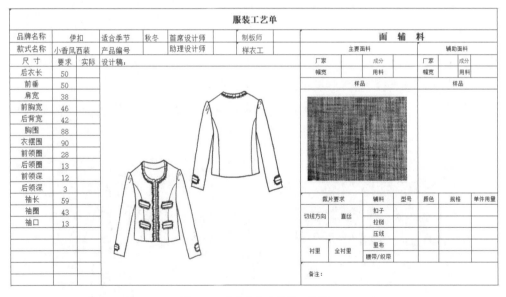

图7-31　平湖某企业服装工艺单

（二）结构制板

结构制板是款式设计方案产品化过程中的关键环节，对产品的款式结构、造型特征起到至关重要的作用。制版师在结构制板过程中既要有独立的思考与判断，也需要与设计师保持密切的沟通与交流，精准掌握款式的结构、造型特征，全面、深入了解设计师的设计意图，充分考虑产品风格与品牌特性之间的关系，优化产品结构设计方案。

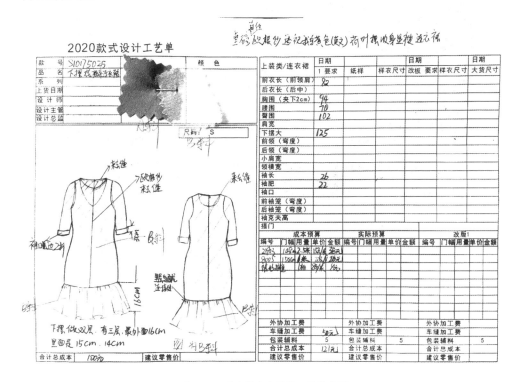

图7-32　平湖某企业服装工艺单实例

（三）样衣缝制

　　样衣缝制是对平面结构制板结果的立体化、实物化呈现，是服装成型的重要环节，也是检验结构制板准确与否、校对服装形态是否达成设计意图的关键步骤。在样衣缝制过程中，不同的缝制工艺会带来截然不同的产品外观效果，因此选择恰当的缝制工艺显得尤为重要。一般而言，在中、高端女装产品缝制过程中，会特别注重特殊工艺或手工工艺的选择，以凸显产品的高端品质和特殊魅力，从而提高产品的附加值。例如，国内轻奢服装品牌克里斯朵夫·瑞希（CHRISTOPHER RAXXY）采用极度严苛的缝制工艺对羽绒服产品进行革新，塑造品牌极度鲜明的调性。如图7-33所示，羽绒服产品图案并非常规的印花、绣花或拼接工艺处理，而是采用多色、多层面料叠加，再用手工镂空的形式逐一剪去一层或多层面料，每层面料修剪的面积、轮廓都不尽相同，从而形成极富工艺感的特殊装饰效果。

图7-33　CHRISTOPHER RAXXY 2020秋冬羽绒产品

（四）样衣审核

样衣审核是指产品相关责任部门对完成的样衣进行全面分析、总结并给出意见或建议的过程，它一般由企划部、设计部、技术部、销售部等相关部门的负责人及其他骨干人员参与完成。其主要任务是审核样衣的整体形态（材质、工艺、板型、款式等）与品牌风格的吻合度、样衣生产周期与成本、产品销售周期及投放市场可能产生的反馈等内容。如果样衣审核通过则表明产品打样工作到此结束，随即可进入大货生产环节。如果审核没有通过，一般有两种不同的处理结果：其一是对样衣进行二次或多次修改完善再进入下一次审核，直至通过为止；其二是直接放弃该样衣转而去开发全新的产品。一般而言，品牌公司会开发当季产品总上架款量2倍左右的样衣进入审核环节，通过率越高表明产品开发的效率越高，反之则表明开发效率低，从而加重企业产品研发的负担。

参考文献

[1] 胡迅, 须秋洁, 陶宁. 女装设计 [M]. 上海: 东华大学出版社, 2015.

[2] 刘晓刚, 李峻, 曹霄洁, 等. 品牌服装设计 [M]. 上海: 东华大学出版社, 2019.

[3] 唐宇冰, 张安凤. 服饰配色 [M]. 上海: 上海交通大学出版社, 2012.

[4] 陈建辉. 服饰图案设计与应用 [M]. 北京: 中国纺织出版社, 2013.

[5] 王金金, 伏姗姗, 丁志鹏. 图案设计 [M]. 上海: 上海交通大学出版社, 2018.

[6] 刘元风, 胡月. 服装艺术设计 [M]. 北京: 中国纺织出版社, 2019.

[7] 李彦, 唐宇冰. 服装设计基础 [M]. 上海: 上海交通大学出版社, 2013.

[8] 祖秀霞. 品牌服装设计 [M]. 上海: 上海交通大学出版社, 2013.

[9] 杨永庆, 杨丽娜. 服装设计 [M]. 北京: 中国轻工业出版社, 2019.